Van Yem Vu

Sondeur de canal multi-capteur utilisant les corrélateurs cinq-ports

Van Yem Vu

Sondeur de canal multi-capteur utilisant les corrélateurs cinq-ports

Channel sounder based on five-port wave correlators
for indoor propagation measurements

Presses Académiques Francophones

Impressum / Mentions légales
Bibliografische Information der Deutschen Nationalbibliothek: Die Deutsche Nationalbibliothek verzeichnet diese Publikation in der Deutschen Nationalbibliografie; detaillierte bibliografische Daten sind im Internet über http://dnb.d-nb.de abrufbar.
Alle in diesem Buch genannten Marken und Produktnamen unterliegen warenzeichen-, marken- oder patentrechtlichem Schutz bzw. sind Warenzeichen oder eingetragene Warenzeichen der jeweiligen Inhaber. Die Wiedergabe von Marken, Produktnamen, Gebrauchsnamen, Handelsnamen, Warenbezeichnungen u.s.w. in diesem Werk berechtigt auch ohne besondere Kennzeichnung nicht zu der Annahme, dass solche Namen im Sinne der Warenzeichen- und Markenschutzgesetzgebung als frei zu betrachten wären und daher von jedermann benutzt werden dürften.

Information bibliographique publiée par la Deutsche Nationalbibliothek: La Deutsche Nationalbibliothek inscrit cette publication à la Deutsche Nationalbibliografie; des données bibliographiques détaillées sont disponibles sur internet à l'adresse http://dnb.d-nb.de.
Toutes marques et noms de produits mentionnés dans ce livre demeurent sous la protection des marques, des marques déposées et des brevets, et sont des marques ou des marques déposées de leurs détenteurs respectifs. L'utilisation des marques, noms de produits, noms communs, noms commerciaux, descriptions de produits, etc, même sans qu'ils soient mentionnés de façon particulière dans ce livre ne signifie en aucune façon que ces noms peuvent être utilisés sans restriction à l'égard de la législation pour la protection des marques et des marques déposées et pourraient donc être utilisés par quiconque.

Coverbild / Photo de couverture: www.ingimage.com

Verlag / Editeur:
Presses Académiques Francophones
ist ein Imprint der / est une marque déposée de
OmniScriptum GmbH & Co. KG
Heinrich-Böcking-Str. 6-8, 66121 Saarbrücken, Deutschland / Allemagne
Email: info@presses-academiques.com

Herstellung: siehe letzte Seite /
Impression: voir la dernière page
ISBN: 978-3-8381-4609-6

Zugl. / Agréé par: Paris, Ecole Nationale Supérieure des Télécommunications, Diss., 2005

Copyright / Droit d'auteur © 2014 OmniScriptum GmbH & Co. KG
Alle Rechte vorbehalten. / Tous droits réservés. Saarbrücken 2014

Table des matières

INTRODUCTION ....- 9 -
Chapitre 1 - Techniques de mesure et de caractérisation de la propagation ....- 13 -
   Introduction ....- 13 -
   I.1. Propagation par trajets multiples ....- 13 -
   I.2. Canal de propagation - Caractérisation du canal ....- 14 -
      I.2.1. Filtre linéaire variant au cours du temps ....- 14 -
      I.2.2. Caractérisation à petite échelle du canal de propagation ....- 16 -
   I.3. Les paramètres caractéristiques du canal de propagation ......- 18 -
      I.3.1. Pertes de puissance ....- 19 -
      I.3.2. Dispersion temporelle- Bande de cohérence ....- 19 -
      I.3.3. Décalage Doppler et Temps de cohérence ....- 21 -
      I.3.4. Nombre de trajets ....- 21 -
      I.3.5. Angle moyen- dispersion angulaire ....- 22 -
   I.4. Sondage du canal et techniques de mesure ....- 24 -
      I.4.1. Technique d'impulsion directe ....- 25 -
      I.4.2. Techniques de mesure utilisant des séquences aléatoires ....- 28 -
         I.4.2.1. Technique de compression d'impulsion ou technique de corrélation ....- 28 -
         I.4.2.2. Techniques de mesure par corrélation glissante ....- 31 -
         I.4.2.3. Techniques de mesure utilisant des séquences aléatoires - Mise en œuvre par filtre adapté ....- 33 -
         I.4.2.4. Techniques de mesure utilisant des séquences aléatoires - Acquisition large bande ....- 34 -
      I.4.3. Techniques de mesure de la propagation dans le domaine fréquentiel ....- 35 -
         I.4.3.1- Principe ....- 36 -
         I.4.4.2. Mise en œuvre ....- 39 -

I.4.4. Les performances d'un sondeur de canal ....- 43 -
Conclusions du chapitre 1 ....- 46 -
Bibliographie ....- 47 -

Chapitre 2 - Corrélateur cinq-port en technologie micro ruban
............- 51 -

Introduction ....- 51 -

II.1. Le cinq-port en technologie micro ruban ....- 51 -

II.1.1. Anneau d'interférométrie à cinq branches ....- 54 -

II.1.2. Détecteurs de puissance ....- 58 -

II.1.2.1. Détecteur de puissance à diode Schottky ....- 58 -
    II.1.2.1.1. Adaptation du détecteur ....- 59 -
    II.1.2.1.2. Stubs papillon ....- 60 -
II.1.2.2. Principe de fonctionnement du détecteur de puissance à diode Schottky ....- 61 -
II.1.2.3. Principe de linéarisation d'un détecteur de puissance ...- 64 -
II.1.2.4. Correction de puissance dans le système cinq-port ....- 66 -

II.1.3. Réalisation du circuit cinq-port ....- 69 -

II.2. Expressions des signaux en bande de base ....- 72 -

II.3. Calibration du cinq-port ....- 74 -

Conclusion du chapitre 2 ....- 77 -

Bibliographie ....- 77 -

Chapitre 3 - Sondeur de canal mono capteur utilisant le cinq-port
............- 80 -

Introduction ....- 80 -

III.1. Antenne quasi - Yagi ....- 80 -

III.1.1. Choix du type d'antenne pour le sondage de canal ....- 80 -

III.1.2. Présentation de l'antenne quasi-Yagi ....- 82 -

III.1.3. Réseau d'antenne quasi-Yagi ....- 89 -

III.1.3.1. Couplage ....- 90 -
III.1.3.2. Réseau linéaire et réseau planaire ....- 91 -

III.2. Sondeur fréquentiel utilisant la technique cinq-port ....- 92 -
III.2.1. Description du système de mesure ....- 92 -
III.2.2. Calibrage du système ....- 97 -
III.3. Méthode à haute résolution appliquée à l'estimation des retards de propagation ....- 98 -
III.4. Résultats de simulation et de mesure ....- 102 -
III.4.1. Résultats de Simulation ....- 102 -
III.4.2. Résultats de mesure ....- 104 -
Conclusion du chapitre 4 ....- 106 -
Bibliographie ....- 107 -

Chapitre 4 - Sondeur de canal multi-capteur utilisant les cinq-ports ....- 110 -

Introduction ....- 110 -
IV.1. Système de mesure ....- 110 -
IV.2. Mesure des directions d'arrivée dans le plan azimutal avec un réseau d'antennes et un réseau de cinq-ports ....- 112 -
IV.2.1. Cas simple: un seul trajet, un réseau de deux antennes et de deux CPs ....- 112 -
IV.2.2. Cas général: K signaux, un réseau de M antennes et de M cinq-ports ....- 115 -
IV.2.3. Résultats de simulation ....- 118 -
IV.2.4. Résultats de mesure ....- 120 -
IV.3. Mesure des directions d'arrivée dans le plan azimutal et le plan d'élévation ....- 122 -
IV.3.1. Modèle mathématique des signaux en réception multi capteur ....- 122 -
IV.3.1.1. Contexte:canal à trajet unique ....- 122 -
IV.3.1.1.1. Réseau d'antennes quelconque ....- 122 -
IV.3.1.1.2. Réseau planaire d'antennes dans le plan XOY .....- 125 -

    IV.3.1.1.3. Réseau planaire d'antennes dans le plan YOZ .... - 126 -
    IV.3.1.2. Contexte: canal à trajets multiples .... - 126 -
    IV.3.4. Simulation du système et les résultats .... - 129 -
    IV.3.4. Résultats de mesure .... - 130 -
    IV.4. Mesure conjointe « Directions d'arrivée - Retards de propagation » .... - 131 -
        IV.4.1. Cas simple: un seul trajet, un réseau de deux antennes et de deux CPs .... - 132 -
        IV.4.2. Cas général: K signaux, réseau de M antennes et de M cinq-ports .... - 133 -
        IV.4.3. Simulation du système et les résultats de simulations ...... - 136 -
        IV.4.4. Résultats de mesure .... - 138 -
    Conclusion du chapitre 4 .... - 140 -
    Bibliographie .... - 141 -

CONCLUSION .... - 143 -

ANNEXE .... - 145 -

    Annexe 1. Enveloppe complexe du signal .... - 145 -

    Annexe 2. Méthodes de pré-calibrage du cinq-port .... - 147 -

        Générateur RF MARCONI 2031 .... - 149 -
        Générateur RF HP4432B .... - 149 -

    Annexe 3. Approximation bande étroite dans le contexte du réseau d'antennes .... - 151 -

    Annexe 4. L'algorithme MUSIC .... - 152 -

Liste des figures

Figure 1. 1 - Représentation en bande de base du canal de propagation............ - 15 -
Figure 1. 2 - Représentation des quatre fonctions du canal de propagation........ - 18 -
Figure 1. 3 - Schéma - bloc du sondeur de canal par impulsion périodique........ - 26 -
Figure 1. 4 - Principe de la technique d'impulsion directe............................... - 27 -
Figure 1. 5 - Schéma bloc du principe de la technique de mesure par corrélation .- 29 -
Figure 1. 6 - Séquence PA périodique avec des impulsions rectangulaires.......... - 30 -
Figure 1. 7 - Schéma bloc du principe de la technique de mesure par corrélation glissante... - 31 -
Figure 1. 8 - Sondeur de canal par filtre adapté.. - 33 -
Figure 1. 9 - Sondeur de canal basé sur la technique d'acquisition d'un signal large bande... - 35 -
Figure 1. 10 - La fonction de transfert du canal.. - 36 -
Figure 1. 11 - Equivalence dans le temps de la technique fréquentielle............. - 38 -
Figure 1. 12 - Sondeur de canal fréquentiel.. - 40 -
Figure 1. 13 - Equivalence dans le temps de la technique fréquentielle............. - 40 -
Figure 1. 14 - Sondeur de canal FMCW... - 41 -

Figure 2. 1 - Corrélateur cinq-port en technologie micro ruban........................ - 52 -
Figure 2. 2 - Détermination de w.. - 54 -
Figure 2. 3 - Anneau à 5 accès.. - 57 -
Figure 2. 4 - Coefficients de réflexion S_{11}, S_{22} aux entrées de l'anneau à 5 branches.- 57 -
Figure 2. 5 - Modules de S_{12}, S_{13} (a) et la différence de phase entre les argument de S_{12} et S_{13} en fonction de la fréquence (b)... - 58 -
Figure 2. 6 - Détecteur de puissance à diode Schottky....................................... - 58 -
Figure 2. 7 - Adaptation en entrée du détecteur... - 59 -
Figure 2. 8 - Coefficients de réflexion en entrée du détecteur sans la résistance (gauche) et en présence de la résistance (droite).. - 59 -
Figure 2. 9 - Simulation des stubs papillon avec le logiciel ADS...................... - 60 -
Figure 2. 10 - Réjection du stub papillon.. - 61 -
Figure 2. 11 - Détecteur de puissance à diode Schottky avec les stubs papillon .. - 61 -
Figure 2. 12 - Schéma équivalent de sortie du détecteur à diode....................... - 62 -
Figure 2. 13 - Caractéristique d'un détecteur à diode Schottky......................... - 63 -
Figure 2. 14 - Linéarisation du détecteur de puissance...................................... - 64 -
Figure 2. 15 - Mesures de v_{mes} en fonction de P_e.. - 65 -
Figure 2. 16 - Linéarisation des 3 détecteurs de puissance du cinq-port........... - 67 -
Figure 2. 17 - Mesures de v_3 v_4 et v_5 en fonction de P_1...................................... - 67 -
Figure 2. 18 - Montage expérimental pour la linéarisation des détecteurs de puissances.. - 68 -
Figure 2. 19 - Tension v_3 avant et après correction .... - 68 -

Figure 2. 20 - Pentes des tensions (avant et après correction) en fonction de l'indice de mesure représentant la dynamique de puissance de –30 à 9 dBm .... - 69 -
Figure 2. 21 - Circuit imprimé du cinq-port avec ADS .... - 70 -
Figure 2. 22 - Photo d'un cinq-port en technologie micro ruban fonctionnant à 2.4 GHz .... - 71 -
Figure 2. 23 - Coefficient de réflexion à l'entrée 1 du cinq-port............................. - 71 -
Figure 2. 24 - Récepteur basé sur le système cinq-port... - 72 -

Figure 3. 1 - Géométrie de l'antenne quasi-Yagi .... - 82 -
Figure 3. 2a - Transition micro ruban-CPS... - 83 -
Figure 3. 2b - Antenne CPS .... - 83 -
Figure 3. 3 - Optimisation des chanfreins .... - 84 -
Figure 3. 4 - Antenne réalisée: Dimensions 65.5×13 mm .... - 85 -
Figure 3. 5 - Module du coefficient de réflexion... - 85 -
Figure 3. 6 - Gain de l'antenne en fonction de la fréquence .... - 85 -
Figure 3. 7 - Diagramme de rayonnement dans le plan H de l'antenne .... - 86 -
Figure 3. 8 - Diagramme de rayonnement dans le plan H de l'antenne .... - 86 -
Figure 3. 9 - Diagramme de rayonnement dans le plan H de l'antenne .... - 87 -
Figure 3. 10 - Diagramme de rayonnement dans le plan E de l'antenne............. - 88 -
Figure 3. 11 - Diagramme de rayonnement dans le plan E de l'antenne .... - 88 -
Figure 3. 12 - Diagramme de rayonnement dans le plan E de l'antenne .... - 89 -
Figure 3. 13 - Simulation du couplage entre deux éléments dans le plan E......... - 90 -
Figure 3. 14 - Résultats du couplage entre deux éléments dans le plan E .... - 90 -
Figure 3. 15 - Simulation du couplage entre deux éléments dans le plan H .... - 91 -
Figure 3. 16 - Résultats du couplage entre deux éléments dans le plan H........... - 91 -
Figure 3. 17 - Réseau linéaire composé de 8 antennes quasi-Yagi .... - 91 -
Figure 3. 18 - Réseau planaire de 8 antennes quasi-Yagi .... - 92 -
Figure 3. 19 - Schéma bloc du système proposé .... - 93 -
Figure 3. 20 - Schéma des entrées analogiques de la carte d'acquisition PCI-MIO-16E1 .... - 94 -
Figure 3. 21 - Schéma bloc du calibrage du système de mesure .... - 97 -
Figure 3. 22 - Lissage spatial: découpage en sous-réseaux .... - 101 -
Figure 3. 23 - Simulation du sondeur avec le logiciel ADS.................................. - 103 -
Figure 3. 24a - Résultat de simulation : Estimation de quatre trajets par la transformée de Fourier inverse (IFFT) .... - 103 -
Figure 3. 24b - Résultat de simulation: Estimation de quatre trajets par l'algorithme MUSIC .... - 104 -
Figure 3. 25a - Estimation de quatre trajets par IFFT.. - 104 -
Figure 3. 25b - Estimation de quatre trajets par la méthode MUSIC .... - 104 -
Figure 3. 26a - Estimation de trois trajets par IFFT .... - 106 -
Figure 3. 26b - Estimation de trois trajets par la méthode MUSIC .... - 106 -

Figure 4. 1 - Système de mesure .... - 111 -
Figure 4. 2 - Photo des corrélateurs CPs et des E/Bs .... - 111 -

Figure 4. 3 - Photo du système de mesure complet .... - 112 -
Figure 4. 4 - Réseau d'antennes et cinq-ports .... - 113 -
Figure 4. 5 - Récepteur basé sur les CPs .... - 115 -
Figure 4. 6 - Principe du lissage spatial: subdivision en sous-réseaux .... - 117 -
Figure 4. 7 - Résultats de simulation avec le logiciel ADS en présence de quatre DDAs .... - 119 -
Figure 4. 8a - Résultats d'estimation des 4 signaux corrélés par MUSIC seul et par MUSIC associé à lissage spatial .... - 120 -
Figure 4. 8b - Résultats d'estimation des 4 signaux corrélés par MUSIC seul et par MUSIC associé à lissage spatial modifié .... - 120 -
Figure 4. 9a - Résultats de mesure des 3 signaux non corrélés avec MUSIC ..... - 121 -
Figure 4. 9b - Résultats de mesure des 3 signaux non corrélés avec MUSIC et lissage spatial modifié (L=5) .... - 121 -
Figure 4. 10a - Résultats de mesure des 3 signaux corrélés avec MUSIC et lissage spatial .... - 122 -
Figure 4. 10b - Figure 4. 9b - Résultats de mesure des 3 signaux non corrélés avec MUSIC et lissage spatial modifié (L=5) .... - 121 -
Figure 4. 11 - Réseau d'antennes et signal incident : configuration quelconque - 123 -
Figure 4. 12 - Réseau planaire d'antennes dans le plan XOY et signal incident - 125 -
Figure 4. 13 - Réseau planaire d'antennes dans le plan YOZ et signal incident - 126 -
Figure 4. 14 - Sous réseau pour Lissage Spatial à deux dimensions .... - 128 -
Figure 4. 15 - Simulation du système avec le logiciel ADS (Ptolemy) .... - 129 -
Figure 4. 16 - Résultat de simulation avec un signal théorique $\varphi = 35°$ et $\theta = -30°$ - 130 -
Figure 4. 17 - Mesure d'un signal de $(37°, 11°)$ .... - 131 -
Figure 4. 18 - Mesure de deux signaux de $(37°, 11°)$ et $(-11°, -4°)$ .... - 131 -
Figure 4. 19 - Réseau de deux capteurs .... - 132 -
Figure 4. 20 - Sous réseau pour Lissage Spatial à deux dimensions .... - 136 -
Figure 4. 21 - Résultat de simulation des six signaux non corrélés : représentation 3D à gauche et 2D à droite .... - 137 -
Figure 4. 22 - Résultat de simulation des six signaux corrélés : représentation 3D à gauche et 2D à droite .... - 138 -
Figure 4. 23 - Résultat de mesure d'un signal avec DDA de 25 degrés et retard de 9 ns .... - 139 -
Figure 4. 24 - Résultat de mesure des trois signaux corrélés : représentation 3D à gauche et 2D à droite .... - 139 -

Liste des tableaux

Tableau 1. 1 - Paramètre α en fonction de l'environnement .... - 19 -
Tableau 1. 2 - Classification des canaux .... - 24 -
Tableau 1. 3 - Classification des techniques de mesure selon le traitement des signaux .... - 25 -
Tableau 1. 4 - Classification des techniques de mesure selon le domaine de mesure ...- 25 -
Tableau 1. 5 - Quelques sondeurs de canal actuels dans le monde .... - 46 -

Tableau 3. 1 - Types d'antennes planaires .... - 81 -
Tableau 3. 2 - Caractéristiques de la carte d'acquisition: gain, dynamique et précision .... - 94 -

INTRODUCTION

Depuis plusieurs années, le marché de la téléphonie mobile, et du réseau sans fil présente une évolution importante et continue afin d'offrir aux utilisateurs de nouveaux services multimédia très hauts débits. Face à l'augmentation certaine du nombre des utilisateurs ainsi que celle des débits de transmission, les futurs systèmes de radiocommunications devront mettre en œuvre des techniques de plus en plus évoluées.

Les futurs systèmes de radiocommunications seront développés dans des environnements différents tels que l'intérieur des bâtiments, les milieux urbain, suburbain .... Pour cela, la connaissance approfondie du canal de propagation est primordiale pour la définition et la conception des systèmes de radiocommunications ainsi que sa caractérisation dans ces environnements. Dans le cas des antennes intelligentes ou dans les systèmes de radiocommunications utilisant des réseaux d'antennes en émission et en réception, la caractérisation spatio-temporelle est importante pour la modélisation du canal de propagation considéré alors comme un filtre variant au cours du temps et sélectif en fréquence. Le signal reçu est dégradé à cause des phénomènes physiques apparaissant dans le canal. La connaissance précise de ces phénomènes nous permet de sélectionner l'algorithme de codage, la modulation, l'égalisation et la diversité..., les plus adaptés au milieu de propagation.

Trois approches sont possibles pour la modélisation du canal de propagation:
- L'approche théorique basée sur le calcul du champ en résolvant les équations de Maxwell conduit au modèle déterministe. Avec cette approche, la résolution des équations de Maxwell demande la connaissance de plusieurs informations telles que la position et la nature des sources, les caractéristiques électromagnétiques des milieux de propagation, les conditions aux limites sur les surfaces.... Ces informations sont en général difficiles à connaître notamment dans le cas de propagation à l'intérieur des bâtiments. Dans cet environnement, la connaissance à priori d'un grand nombre de facteurs tels que les dimensions des pièces, les matériaux, l'architecture du bâtiment, la mobilité des gens, et la présence des différents objets n'est pas évidente, ce qui explique la raison de notre étude non centrée sur cette approche.

- L'approche qui est développée à partir de résultats de mesures de propagation est dite modèle statistique car les paramètres du canal sont caractérisés par les traitements statistiques. Cette approche donne rapidement l'ordre de grandeur des paramètres du canal de propagation sans recourir à la connaissance du milieu environnant. Pour aboutir à une représentation plus réaliste du canal, il est nécessaire d'effectuer un nombre important de mesures. Dans cette optique, on utilise le sondeur de canal pour déterminer ces paramètres.

- Une autre approche dite semi-déterministe est basée sur la combinaison des deux modèles précédents. Dans cette approche, le modèle statistique peut être utilisé pour corriger les données du modèle déterministe pour obtenir un modèle plus approché des conditions réelles. Avec cette approche, il est important de développer et de maîtriser les deux techniques précitées.

Ce livre est centré sur l'approche statistique en utilisant le sondeur de canal comme dispositif de mesure des paramètres de propagation. Le sondeur de canal est utilisé pour déterminer la réponse impulsionnelle des canaux de propagation. Le sondeur est censé fournir la caractérisation la plus complète possible du canal de propagation, c'est à dire:

- Obtenir une très bonne résolution temporelle (de l'ordre de la nanoseconde).

- Prendre en compte les variations temporelles du canal (analyse Doppler).

- Afficher une dynamique de mesure importante.

- Permettre de caractériser spatialement le canal de propagation ce qui est important pour les futurs systèmes de radiocommunication.

- Avoir un faible coût de réalisation.

- Devoir être de taille réduite et suffisamment mobile pour que les mesures soient effectuées aisément dans un environnement non modifié par sa présence.

Les paramètres nécessaires pour les systèmes de radiocommunications sont présentés dans le tableau suivant.

	P_r	τ	DDA	DDD	Autre
Systèmes en bande étroite (exemple: AMPS[1] aux Etats-Unis)	Θ				
Systèmes large bande (exemple: IS-95, IS-136)	Θ	Θ			
Systèmes en bande étroite utilisant un réseau d'antennes (exemple: GSM avec réseau d'antennes)	Θ		Θ		
Systèmes large bande utilisant un réseau d'antennes (exemple: IS-2000 avec réseau d'antennes)	Θ	Θ	Θ		
Multiple Input Multiple Output systèmes	Θ	Θ	Θ	Θ	?
Autres technologies (4G...)	Θ	Θ	Θ	Θ	?

P_r est la puissance reçue ; τ est le retard de propagation ; DDA est la direction d'arrivée ; DDD est la direction de départ.
AMPS[1] : Analog Mobile Phone Service

Le sondeur de type SISO (Single Input Single Output) ne permet pas la caractérisation spatiale du canal. Pour répondre à cette exigence, les sondeurs SIMO (Single Input Multiple Output) ou MIMO (Multiple Input Multiple Output) apparaissent comme des candidats potentiels. Peu de sondeurs existants permettent de caractériser complètement le canal de propagation à cause du coût élevé de ces dispositifs. Les réalisations actuelles utilisent, soit un seul capteur qui se déplace pour effectuer la mesure dans différentes positions, soit un réseau d'antennes aux entrées desquelles commutent le sondeur de canal, le tout suivi d'un traitement particulier pour corréler l'ensemble des signaux entre eux. Ces systèmes sont complexes et ont un coût élevé. De plus, le temps d'effectuer une mesure complète avec déplacement du capteur est long, empêchant la mesure des canaux variant au cours du temps.

Nous proposons d'utiliser le système cinq-port pour le sondeur de canal SIMO. Actuellement, les systèmes six-port et cinq-port sont largement utilisés comme analyseur de réseaux déterminant précisément le rapport complexe entre 2 ondes électromagnétiques. Ils sont aussi appliqués dans d'autres utilisations en radar et en récepteur homodyne.

Le sujet de ce livre se porte sur la conception et la réalisation d'un sondeur de canal multi-capteurs utilisant les corrélateurs cinq-ports pour la caractérisation de la propagation à l'intérieur des bâtiments à 2.4 GHz. Ce système permet d'effectuer l'acquisition à un instant donné et en une seule fois de l'ensemble des mesures dans un plan donné. Le traitement porte alors directement sur les mesures en amplitude et phase des différents signaux reçus permettant de calculer les paramètres de ces signaux dans le canal de propagation tels que les retards de propagation et les directions d'arrivée.

Cet ouvrage se compose de quatre chapitres.

Le premier chapitre est centré sur l'étude de la propagation à l'intérieur des bâtiments et la représentation d'un canal de propagation basée sur les quatre fonctions de base de type Bello. Les techniques de mesure et de caractérisation d'un canal de propagation sont ensuite abordées. Nous ne nous intéressons qu'aux techniques larges bandes, c'est-à-dire celles capables de restituer la réponse impulsionnelle du canal à un instant donné. Nous analysons aussi les avantages et les inconvénients de chaque technique afin de choisir celle qui convient le mieux pour la mise en œuvre du sondeur de canal.

Le deuxième chapitre détaille le corrélateur cinq-port en technologie micro ruban. Le cinq-port est le cœur du système de mesure proposé ultérieurement. Nous présentons donc le principe de fonctionnement du cinq-port et ensuite la simulation du cinq-port avec le logiciel ADS (Advanced Design System) suivi de la réalisation du circuit. Le cinq-port présente les mêmes défauts que le démodulateur I/Q classique. Cependant une procédure de calibrage permet de minimiser et corriger les défauts de fabrication. Nous présentons donc ensuite les traitements associés au cinq-port tels que la linéarisation des détecteurs de puissance et le calibrage du cinq-port.

Le chapitre 3 concerne la réalisation d'un sondeur de canal SISO. Un sondeur SISO utilisant le corrélateur cinq-port basé sur la technique fréquentielle est proposé. Nous commençons par la conception et la réalisation de l'antenne quasi-Yagi utilisée pour ce sondeur fréquentiel. Nous montrons également la configuration de cette antenne pour une utilisation en réseau. Nous allons ensuite réaliser ce sondeur SISO composé d'un corrélateur cinq-port et d'une antenne quasi Yagi en réception. Ce type de sondeur permet de mesurer les retards de propagation de trajets multiples. Le sondeur mesure la fonction de transfert du canal et la réponse impulsionnelle est obtenue par la transformée de Fourier inverse de sa fonction de transfert. Les retards de propagation de trajets multiples sont estimés par la méthode IFFT classique et aussi par la méthode à haute résolution. Nous allons comparer les résultats de simulation du système utilisant le logiciel ADS avec les résultats de mesure. De plus, dans ce chapitre nous proposons une méthode de calibrage du système dont le but est d'extraire la fonction de transfert du « vrai » canal indépendant des caractéristiques des antennes d'émission et de réception.

Dans le dernier chapitre, nous réalisons un sondeur de type SIMO caractérisant spatio-temporellement le canal de propagation. Il est composé d'un réseau linéaire de huit antennes quasi-Yagi et d'un réseau de huit cinq-ports en technologie micro ruban à 2.4 GHz.

Avec ce type de sondeur, nous pouvons mesurer à la fois les retards de propagation et aussi les directions d'arrivée de trajets multiples. Tout d'abord, les résultats de simulation avec le logiciel ADS sont comparés avec ceux de mesure pour l'estimation des directions d'arrivée de trajets multiples. Ensuite, nous montrons les mesures de directions d'arrivée dans le plan azimutal et le plan d'élévation. Le but est de caractériser tridimensionnellement le canal de propagation. Ceci est indispensable pour la modélisation du canal de propagation à l'intérieur des bâtiments. Enfin, l'estimation conjointe « direction-retard » basée sur l'algorithme MUSIC (Multiple Signal Classification) associé au lissage spatial pour décorréler les signaux permet d'estimer un nombre de trajets supérieur au nombre d'antennes.

Ce livre s'articule nécessairement autour de plusieurs domaines de l'électronique : électronique hyperfréquence, électronique basse fréquence, les antennes, le canal de propagation et le traitement du signal pour les communications.

Chapitre 1

Techniques de mesure et de caractérisation de la propagation

Introduction

Pour le bon fonctionnement d'un système de radiocommunication, il est nécessaire d'avoir la connaissance précise du canal de propagation et de son interaction avec l'environnement. Les trajets multiples dus aux réflexions des ondes électromagnétiques sur les murs, les objets et l'environnement peuvent causer de sérieuses dégradations des performances, ce qui augmente les interférences inter-symboles et limite le débit du système. On utilise les profils (PDP: Power Delay Profiles) relatifs à la réponse impulsionnelle du canal de transmission pour l'analyse de la propagation à trajets multiples.

Dans ce chapitre, nous rappelons les phénomènes physiques apparaissant dans le canal de propagation. Nous présentons ensuite la représentation mathématique d'un canal de propagation. Comme notre étude est centrée sur la caractérisation statistique du canal, nous détaillons les techniques de mesure large bande des caractéristiques du canal. Nous allons analyser les avantages et les inconvénients de ces techniques afin de choisir la plus adaptée pour la mise en œuvre du système de mesure qui sera présenté dans les chapitres suivants.

I.1. Propagation par trajets multiples

En espace libre, les ondes se propagent en ligne droite en l'absence des phénomènes tels que la réflexion ou la diffraction, contrairement à la propagation à l'intérieur des bâtiments. Dans cet environnement, plusieurs mécanismes de propagation dus à la pénétration, à l'absorption et à l'effet de guidage peuvent apparaître et interviennent dans les canaux de radiocommunication.

- **Réflexion:** Quand une onde vient rencontrer une surface lisse de dimension très supérieure à la longueur d'onde λ du signal, il apparaît alors la réflexion qui peut être spéculaire ou diffuse. La réflexion spéculaire apparaît lorsque deux milieux différents sont séparés par une surface de dimensions très supérieures à λ et dont les irrégularités sont très petites par rapport à λ. En revanche, la réflexion diffuse existe dans le cas d'une surface à irrégularités aléatoires. L'énergie est diffusée alors dans la direction du rayon réfléchi et aussi dans des directions voisines.
- **Réfraction:** La réfraction est observée quand une onde traverse un mur, une cloison.... L'onde qui traverse ces obstacles subit un affaiblissement de

puissance et est déviée dans une autre direction. La plupart des modèles de propagation radio mobile ne tiennent pas compte des absorptions dues aux corps humains et aux arbres. Ces effets deviennent importants dans le cas de la propagation des ondes millimétriques.

- **Diffraction:** Lorsqu'une onde rencontre une surface ou une arrête de dimensions grandes par rapport à λ, une partie de l'énergie de l'onde électromagnétique contournera l'obstacle. Il y a changement de direction de la propagation. La diffraction apparaît lorsque la liaison entre l'émetteur et le récepteur est gênée par une surface qui a des parties anguleuses.
- **Diffusion:** La diffusion a lieu quand une onde se propage vers des surfaces de dimensions du même ordre de grandeur ou plus petites que la longueur d'onde ou avec des irrégularités plus petites devant la longueur d'onde. Chaque irrégularité va créer une onde diffractée.

- **Effet des ondes guidées:** L'effet de guidage apparaît dans un couloir, dans un tunnel... Dans cette situation, les ondes se propagent suivant la direction du guide.

Dans les communications à l'intérieur ou à l'extérieur des bâtiments avec l'existence de plusieurs obstacles, les ondes émises subissent généralement une combinaison de plusieurs phénomènes cités ci-dessus avant de parvenir au récepteur. Par conséquent, l'onde émise est divisée en plusieurs faisceaux d'ondes subissant en même temps des affaiblissements et des retards relatifs aux différents trajets. Ces conditions engendrent la propagation par trajets multiples. Dans le cas d'un canal de propagation radio mobile variant au cours du temps, la configuration des trajets multiples change et provoque des évanouissements profonds sur la puissance reçue. Dans le cas de propagation à l'intérieur des bâtiments où il existe plusieurs obstacles tels que les tables, les ordinateurs, la présence de personnes... les caractéristiques de la propagation sont:

- L'atténuation de l'onde due à la distance.
- Les variations d'amplitude dues aux obstacles sur le trajet
- Les variations d'amplitude et de phase dues aux trajets multiples.

Le canal de propagation peut être représenté comme un filtre linéaire variant dans le temps en fonction de la distorsion de phase introduite par les trajets multiples.

I.2. Canal de propagation - Caractérisation du canal

I.2.1. Filtre linéaire variant au cours du temps

Comme nous l'avons décrit ci-dessus, le signal émis subit l'effet du canal avant d'arriver à l'antenne réceptrice. Lorsque le canal est invariant au cours du temps, il peut être représenté simplement comme un filtre linéaire invariant dans le temps avec la réponse impulsionnelle $h(\tau)$. Dans le cas où le canal varie dans le temps, le filtre équivalent sera aussi variable au cours du temps.

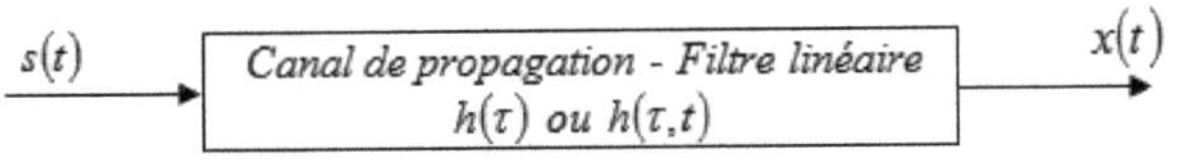

$$s(t) \longrightarrow \boxed{\begin{array}{c} \text{Canal de propagation - Filtre linéaire} \\ h(\tau) \text{ ou } h(\tau,t) \end{array}} \longrightarrow x(t)$$

Figure 1.1 - Représentation en bande de base du canal de propagation

Le signal émis en passe bande $\tilde{s}(t)$ peut s'exprimer par:

$$\tilde{s}(t) = \text{Re}\{s(t)e^{j2\pi f_0 t}\} \quad (1.1)$$

$s(t)$ est l'enveloppe complexe du signal émis $\tilde{s}(t)$; f_0 est la fréquence porteuse.
S'il existe K trajets dans le canal de propagation, le signal reçu en passe bande peut s'écrire comme suit:

$$\tilde{x}(t) = \text{Re}\{x(t)e^{j2\pi f_0 t}\} + n(t) \quad (1.2)$$

Où $x(t) = \sum_{k=1}^{K} a_k(t) s(t-\tau_k) e^{j\Psi_k(t)}$ est l'enveloppe complexe du signal $\tilde{x}(t)$.

a_k, τ_k, Ψ_k sont l'amplitude, le retard et la phase du k-ième trajet.

$n(t)$ est le bruit blanc additif gaussien.

La réponse impulsionnelle en bande de base du filtre variant au cours du temps s'écrit [4][32]:

$$h(\tau,t) = \sum_{k=1}^{K} a_k(t) \delta(t - \tau_k(t)) e^{j\Psi_k(t)} \quad (1.3)$$

où les variables τ et t de la fonction h correspondent à l'axe des retards et l'axe temporel respectivement. δ est la fonction Dirac.
Les signaux émis et reçu en bande de base sont reliés par la relation suivante:

$$x(t) = h(\tau,t) * s(t) \quad (1.4)$$

Dans le cas de la caractérisation spatiale du canal, le paramètre angle d'arrivée en azimut est ajouté afin de tenir compte de la dépendance du canal en fonction des angles d'arrivée sur un réseau d'antennes en réception.
La réponse impulsionnelle dans l'équation (1.3) devient:

$$h(\tau,t,\varphi) = \sum_{k=1}^{K} a_k(t) \delta(t - \tau_k(t)) \delta(\varphi - \varphi_k(t)) e^{j\Psi_k(t)} \quad (1.5)$$

La relation entre $h(\tau,t)$ et $h(\tau,t,\varphi)$ est [33]:

$$h(\tau,t) = \int_0^{2\pi} h(\tau,t,\varphi) g(\varphi) d\varphi \quad (1.6)$$

où $g(\varphi)$ est le diagramme de rayonnement complexe de l'antenne.

I.2.2. Caractérisation à petite échelle du canal de propagation

Nous venons de montrer que le canal de propagation peut être modélisé par un filtre linéaire variant au cours du temps. Ce filtre est entièrement représenté par sa réponse impulsionnelle complexe en bande de base $h(\tau,t,\varphi)$. Nous nous intéressons maintenant à la caractérisation du canal de propagation. La caractérisation du canal est effectuée à grande échelle, à moyenne échelle et à petite échelle [4]. Nous nous intéressons ici à la caractérisation à petite échelle permettant de mettre en évidence les évanouissements rapides dus aux trajets multiples.

La réponse impulsionnelle complexe permet d'étudier complètement les effets du canal à double dépendance en temps et en retards. Du fait de la possibilité d'effectuer des études en fréquence et en fréquence Doppler, les quatre représentations suivantes sont disponibles:

- *Description fréquentielle: Fonction bi-fréquentielle* - $G(f,\nu,\varphi)$

Le module de la réponse impulsionnelle permet de distinguer les différents trajets en fonction de leurs retards de propagation. Bien que le phénomène de décalage en fréquence Doppler soit contenu aussi dans $h(\tau,t,\varphi)$, elle ne permet pas de mettre en évidence ce phénomène.

Le décalage en fréquence Doppler est obtenu grâce à la fonction $G(f,\nu,\varphi)$, duale de la fonction $h(\tau,t,\varphi)$ dans l'espace fréquence - décalage Doppler.

La fonction $G(f,\nu,\varphi)$ est reliée au spectre du signal reçu et celui du signal émis:

$$X(f,\varphi) = \int_{-\infty}^{\infty} S(f-\nu,\varphi)G(f,\nu,\varphi)d\nu \qquad (1.7)$$

$S(f,\varphi)$ et $X(f,\varphi)$ sont respectivement les représentations fréquentielles de Fourier de $s(t)$ et $x(t)$; ν est le décalage Doppler.

La fonction d'étalement Doppler $G(f,\nu,\varphi)$ permet d'identifier directement des décalages en fréquence et elle est utilisée pour la caractérisation de la sélectivité en fréquence du canal.

$G(f,\nu,\varphi)$ est reliée à la réponse impulsionnelle par la double transformée de Fourier:

$$G(f,\nu,\varphi) = \int_{-\infty}^{\infty}\int_{-\infty}^{\infty} h(\tau,t,\varphi).e^{-j2\pi f \tau}.e^{-j2\pi \nu t}dt d\tau \qquad (1.8)$$

- *Description temps-fréquentielle: Fonction de transfert* - $H(f,t,\varphi)$

La description précédente est une approche purement fréquentielle. Une autre approche souvent utilisée consiste à relier le signal temporel en sortie du filtre au spectre du signal en entrée:

$$x(t,\varphi) = \int_{-\infty}^{\infty} S(f,\varphi) H(f,t,\varphi) e^{j2\pi ft} df \qquad (1.9)$$

$H(f,t,\varphi)$ appelée la fonction de transfert du canal est la transformée de Fourier directe de $h(\tau,t,\varphi)$.

$$H(f,t,\varphi) = \int_{-\infty}^{\infty} h(\tau,t,\varphi) e^{-j2\pi f\tau} d\tau \qquad (1.10)$$

Cette fonction permet comme la fonction $G(f,v,\varphi)$ d'étudier la sélectivité en fréquence du canal de propagation. Si le signal d'entrée $s(t)$ est sinusoïdal de fréquence f_0, l'étude de la fonction $H(f,t,\varphi)$ sur une faible largeur de bande permet de caractériser les effets des trajets multiples comme des affaiblissements temporels ou spatiaux. La mesure de cette fonction est très utilisée pour la caractérisation de la propagation à l'intérieur des bâtiments.

- *Description retard- Doppler: Fonction de diffusion - $H(f,t,\varphi)$*

Cette description est dans l'espace retard - décalage Doppler. La fonction $D(\tau,v,\varphi)$ est reliée à la réponse impulsionnelle comme suit:

$$D(\tau,v,\varphi) = \int_{-\infty}^{\infty} h(\tau,t,\varphi) e^{-j2\pi ft} dt \qquad (1.11)$$

Le signal reçu en sortie du filtre s'écrit:

$$x(t,\varphi) = \int_{-\infty}^{\infty} s(t-\tau,\varphi) \left\{ \int_{-\infty}^{\infty} D(\tau,v,\varphi) e^{j2\pi vt} dv \right\} d\tau$$

$$x(t,\varphi) = \int_{-\infty}^{\infty}\int_{-\infty}^{\infty} s(t-\tau,\varphi) D(\tau,v,\varphi) e^{j2\pi vt} dv d\tau. \qquad (1.12)$$

En vue d'une analyse physique, la représentation $D(\tau,v,\varphi)$ dans l'espace retard - décalage Doppler est très utile. En effet, cette fonction permet de suivre l'évolution des différents trajets de propagation pour un mobile se déplaçant à une vitesse constante.

Représentation des quatre fonctions:

Comme l'analyse précédente, le canal de propagation peut être représenté par quatre fonctions
$h(\tau,t,\varphi)$, $H(f,t,\varphi)$, $G(f,v,\varphi)$ et $D(\tau,v,\varphi)$. Ces quatre fonctions sont de type Bello [28] en ajoutant le paramètre φ afin de prendre en compte la dépendance du canal en fonction des directions d'arrivée. Ces quatre fonctions sont dépendantes de l'angle d'arrivée et elles sont reliées par les transformées de Fourier directe ou inverse.

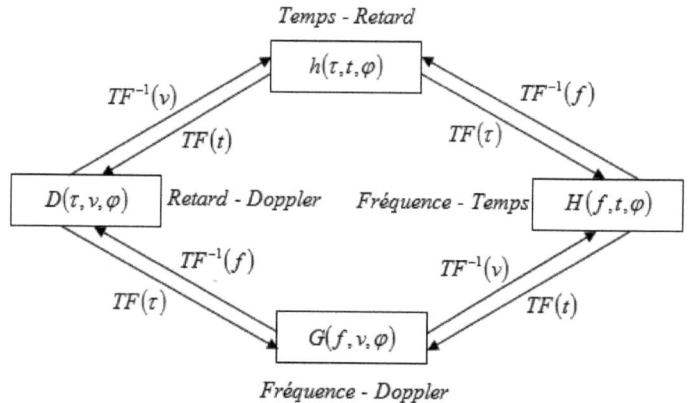

TF : La transformée de Fourier directe
TF⁻¹ : La transformée de Fourier inverse

Figure 1. 2 - Représentation des quatre fonctions du canal de propagation

Dans une communication mobile, le canal varie aléatoirement dans le temps. Ces quatre fonctions deviennent donc des processus aléatoires. En pratique, pour la caractérisation du canal, une approche possible est basée sur l'étude des moments des processus aléatoires à partir des fonctions d'autocorrélation. Pour simplifier les études, deux hypothèses du canal WSS (Wide Sense Stationary) et du canal US (Uncorrelated Scattering) ont été proposées. L'hypothèse de stationnarité au sens large implique que les paramètres statistiques du canal sont invariants dans le temps et dépendent seulement de l'écart de temps entre deux observations. L'hypothèse de dispersion non corrélée (US) implique que la fréquence absolue n'intervient pas dans l'expression du canal. Les détails de cette approche sont présentés dans [34].

L'objectif d'un sondeur de canal est de mesurer aussi précisément que possible l'une des quatre fonctions présentées précédemment. Les autres fonctions seront retrouvées par simple ou double transformée de Fourier selon les variables t, f, τ ou ν. A partir des mesures de l'une des quatre fonctions, les paramètres caractéristiques du canal de propagation sont déterminés, permettant ainsi de modéliser le canal.

I.3. Les paramètres caractéristiques du canal de propagation

Les paramètres principaux du canal de propagation sont:
1. Les pertes de puissance.
2. La dispersion temporelle - la bande de cohérence.
3. Le décalage Doppler - le temps de cohérence.

4. Le nombre de trajets.
5. L'angle moyen- la dispersion angulaire.

I.3.1. Pertes de puissance

Les pertes de puissance pour une position donnée sont déterminées directement à partir de la moyenne de la fonction de transfert H(f,t) dans la bande de fréquence mesurée.

$$P_{(dB)} = 10.\log_{10}\left(\frac{1}{N}\sum_{1}^{N}|H(f)|^2\right) \qquad (1.13)$$

Plusieurs travaux ont montré que les pertes moyennes d'une liaison augmentent de manière logarithmique avec la distance [3][4][35]. Le modèle des pertes de puissance moyenne est une fonction de la distance d entre les antennes d'émission et de réception.

$$\overline{P} = P_0 \cdot \left(\frac{d}{d_0}\right)^\alpha \quad \text{en dB}: \overline{P}_{dB} = P_{0(dB)} + 10.\alpha.\log_{10}\left(\frac{d}{d_0}\right) \qquad (1.14)$$

Où P_0 est l'atténuation liée à une distance de référence d_0.

α est l'exposant d'atténuation moyen du canal de propagation. Ce paramètre α dépend de l'environnement et varie entre 2 et 6:

Environnement	α
L'espace libre	2
Radio cellulaire dans la ville (GSM urbain)	De 2.7 à 3.5
Radio cellulaire dans la ville : liaison obstruée	De 3 à 5
L'intérieur des bâtiments- liaison directe	< 2
L'intérieur des bâtiments- liaison sans visibilité	De 4 à 6
Liaison sans visibilité dans les usines	De 2 à 3

Tableau 1. 1 - Paramètre α en fonction de l'environnement

I.3.2. Dispersion temporelle- Bande de cohérence

L'influence des trajets multiples du canal de propagation sur un système de transmission est évaluée par la caractérisation large bande sur une bande infinie. Dans la réponse impulsionnelle, chaque trajet est représenté par un pic. En réception, le récepteur traite une superposition du premier symbole et de ce même premier symbole retardé par les trajets multiples. Avec des retards relatifs de l'ordre de la durée d'un symbole, les phénomènes de trajets multiples entraînent des interférences entre les symboles. Quant aux retards, il existe trois paramètres pour estimer le débit maximal de transmission numérique:

Moyenne des retards (Mean excess delay) : $\overline{\tau}$
L'écart type des retards (RMS delay spread) : τ_{RMS}

Retard maximal (Excess delay spread).
A partir de la réponse impulsionnelle, le retard est considéré comme une variable aléatoire ayant une densité de probabilité de la forme [4] :

$$p(\tau) = \frac{|h(\tau)|^2}{\int_0^\infty |h(\tau)|^2 d\tau} \quad (1.15)$$

Le temps moyen des retards $\bar{\tau}$ est calculé comme suit :

$$\bar{\tau} = \int_0^\infty \tau \cdot p(\tau) d\tau = \frac{\sum_k p(\tau_k) \tau_k}{\sum_k p(\tau_k)} \quad (1.16)$$

La dispersion temporelle τ_{RMS} traduit l'étalement de la réponse impulsionnelle. Elle s'exprime comme :

$$\tau_{RMS} = \sqrt{\overline{\tau^2} - \bar{\tau}^2} \quad (1.17)$$

Où

$$\overline{\tau^2} = \frac{\sum_k p(\tau_k) \tau_k^2}{\sum_k p(\tau_k)}$$

Le retard maximal τ_{excess} (Maximum excess delay) pour X dB est le retard dans lequel l'énergie des trajets multiples chute de X dB par rapport à l'énergie maximale.

$$\tau_{excess} = \tau_X - \tau_0$$

Où τ_X est le retard maximal dans lequel l'énergie chute de X dB
τ_0 est le retard du premier trajet.

Bande de cohérence:

La bande de cohérence d'un canal de propagation B_c représente une mesure de la similarité ou de la cohérence de canal dans le domaine fréquentiel. Physiquement, B_c est une mesure statistique d'une bande de fréquence sur laquelle le canal de propagation est considéré comme plat. B_c est obtenue par une auto corrélation de la réponse fréquentielle complexe H(f ,t).

$$R(\Delta f) = \int_{-\infty}^{\infty} H(f,t) H^*((f + \Delta f), t) df \quad (1.18)$$

La bande de cohérence du canal est définie par la valeur de la corrélation $R(\Delta f)$ pour un certain pourcentage 50 %, 70 %, ou 90 % de la valeur maximale de corrélation.
B_c est aussi calculée à partir de la réponse impulsionnelle :

$$R(\Delta f) = TF(|h(\tau)|^2) \quad (1.19)$$

Si le spectre du signal émis est supérieur à la bande de cohérence, le comportement du canal varie avec la fréquence. Physiquement, la bande de cohérence et la dispersion des retards traduisent les conséquences de ce même phénomène. La relation mathématique entre B_c et τ_{RMS} est :

$$B_c \approx \frac{1}{50\tau_{RMS}} \qquad \text{si le facteur de corrélation égale à 0.9}$$

$$B_c \approx \frac{1}{5\tau_{RMS}} \qquad \text{si le facteur de corrélation égale à 0.5}$$

I.3.3. Décalage Doppler et Temps de cohérence

Il existe toujours des mobilités dans le canal de propagation. Le canal varie donc au cours du temps. Et sa réponse impulsionnelle variera rapidement pendant la durée d'un symbole. Ces variations temporelles introduisent des décalages Doppler. La dispersion Doppler est représentée par la fonction $G(f,v,\varphi)$. La dispersion Doppler est ainsi égale à deux fois la fréquence Doppler maximale.

$$B_D = 2.f_{D\max} = 2.f_0.\frac{v}{c} \qquad (1.20)$$

Temps de cohérence T_c :

Le temps de cohérence T_c du canal de propagation représente la durée pendant laquelle le canal peut être considéré comme stationnaire. Autrement dit, c'est la durée pendant laquelle les caractéristiques du canal restent quasiment constantes.
Lorsque T_c est supérieur au temps symbole T_S, le canal est dit « peu fluctuant », dans le cas contraire, le canal fluctue rapidement (fast fading).
T_c peut être lié à B_D par l'une des trois relations suivantes [4] :
- T_c est inversement proportionnel à B_D :

$$T_c \approx \frac{1}{B_D} = \frac{1}{2.f_{D\max}} \qquad (1.21)$$

- T_c est calculé à partir de l'intercorrélation de la réponse du canal avec un signal sinusoïdal pur :

$$T_c = \frac{9}{16\pi.B_D} \qquad (1.22)$$

- T_c est calculé avec la combinaison des deux formules précédentes :

$$T_c = \sqrt{\frac{9}{16\pi}}.\frac{1}{B_D} = \frac{0.423}{B_D} \qquad (1.23)$$

I.3.4. Nombre de trajets

Ce paramètre correspondant à la présence de trajets multiples est proportionnel à la dispersion des retards τ_{RMS}. Il dépend de la résolution temporelle et de la dynamique du système de mesure. Si la résolution temporelle est $\Delta\tau$, le nombre maximal de trajets dans une fenêtre d'observation T_F sera :

$$K_{\max} = \left(\frac{T_F}{\Delta\tau}\right) + 1 \qquad (1.24)$$

$K_{\max} > 1$, correspond à la caractérisation large bande.
$K_{\max} = 1$, la caractérisation est à bande étroite.

Le nombre de trajets observé est lié à la caractérisation dans le domaine fréquentielle. Si la caractérisation est effectuée dans une bande de fréquence importante, l'effet de trajets multiples sont observé. Par contre, celle effectuée à une seule fréquence ne permet pas d'analyser cet effet.

I.3.5. Angle moyen- dispersion angulaire

Ces paramètres concernent la caractérisation spatiale du canal. La caractérisation angulaire du canal de propagation est importante quand les techniques d'antennes adaptatives sont employées. Dans le domaine temporel, le récepteur large bande sépare les trajets multiples par leurs retards. Dans le domaine spatial, les trajets multiples sont distingués par leurs directions d'arrivée. Nous nous intéressons ici à la dispersion angulaire.

Angle moyen:

Quand l'ouverture à 3 dB de l'antenne augmente, le signal reçu est la somme de trajets multiples. L'information des directions d'arrivée peut être caractérisée par la distribution angulaire de puissance de trajets multiples $p(\varphi)$. $\varphi \in [0, 2\pi]$ représente l'angle azimutal.
Comme τ_{RMS}, la dispersion angulaire est caractérisée par l'écart type angulaire φ_{RMS}. φ_{RMS} est calculé par l'expression suivante [30]:

$$\varphi_{RMS} = \sqrt{\overline{\varphi^2} - \overline{\varphi}^2} \qquad (1.25)$$

$$\overline{\varphi} = \frac{\sum_{k=1}^{K} p(\varphi_k) \varphi_k}{\sum_{k=1}^{K} p(\varphi_k)} \qquad \overline{\varphi^2} = \frac{\sum_{k=1}^{K} p(\varphi_k) \varphi_k^2}{\sum_{k=1}^{K} p(\varphi_k)}$$

Où:
φ_k et $p(\varphi_k)$ sont la direction d'arrivée et la puissance du $k^{\grave{e}me}$ trajet respectivement.
La dispersion angulaire δ_θ est calculée par [31]:

$$\delta_\theta = \sqrt{1 - \frac{|F_1|^2}{|F_0|^2}} \qquad (1.26)$$

Avec $F_n = \int_0^{2\pi} p(\varphi)e^{jn\varphi}d\varphi$ est le $n^{ième}$ coefficient complexe de développement en série de Fourier de $p(\varphi)$. Dans le domaine spatial, si φ_{RMS} est faible par rapport à l'ouverture φ_A de l'antenne, toute l'énergie du trajet direct est captée par l'antenne de réception et les trajets multiples ne sont pas séparés. Le canal est dit 'bande étroite'. Par contre, quand φ_{RMS} est supérieur à l'ouverture φ_A, le canal est dit 'large bande'. Dans ce cas, les trajets multiples sont distingués [36].

Classification des canaux

La classification des canaux dépend des paramètres caractéristiques du canal et de la durée des symboles émis T_s. Le tableau suivant résume la classification des canaux.

		Domaine fréquentiel ou retard		Domaine spatial	
		Canal non sélectif en fréquence (canal à bande étroite) $B<<B_c$	Canal sélectif en fréquence (canal à large bande) $B>>B_c$	Canal à bande étroite dans le domaine spatial $\varphi_{RMS}<<\varphi_A$	Canal à large bande dans le domaine spatial $\varphi_{RMS}>>\varphi_A$
Domaine temporel ou Doppler	Canal à évanouissements lents (canal non sélectif dans le temps) $T_s<<T_c$	- Canal non dispersif ou canal à évanouissement plat. - En réception, il n'est pas nécessaire de mettre en œuvre un égaliseur.	- Canal dispersif en fréquence ou canal à évanouissement temporel plat	Un seul trajet direct, pas de trajets multiples	Les trajets multiples sont possible séparés

- 23 -

Canal à évanouissements rapides (canal sélectif dans le temps) $T_s >> T_c$	- Canal dispersif en temps ou canal à évanouissement fréquentiel plat	- Canal dispersif en temps et en fréquence			

Tableau 1. 2 - Classification des canaux

I.4. Sondage du canal et techniques de mesure

La caractérisation du canal est effectuée par la mesure de la propagation dans l'environnement. Elle apporte aussi des données expérimentales permettant la détermination des paramètres du canal (le temps de cohérence, la bande de cohérence etc), qui sont très importants pour la prédiction des performances ou des limites d'un système de communications. Le choix de la méthode de mesure de la propagation dépend de l'application visée du système: transmission en bande étroite ou en large bande. D'autre part, la caractérisation du canal peut être réalisée soit dans le domaine temporel par la mesure de la réponse impulsionnelle du canal, soit dans le domaine fréquentiel par la mesure de la réponse fréquentielle du canal dans la bande de fréquence choisie. La réponse impulsionnnelle du canal est ainsi déterminée à partir de la transformée de Fourier inverse de la réponse fréquentielle mesurée. Ces deux techniques de mesures sont alors théoriquement équivalentes.
En général, pour mesurer la fonction $h(\tau,t)$, $s(t) = \delta(t)$ où $\delta(t)$ est la fonction Dirac et la sortie, $x(t)$, est égale à la réponse impulsionnelle $h(\tau,t)$. En pratique, il est impossible d'obtenir une fonction de Dirac idéale. Plusieurs méthodes sont développées pour mesurer $h(t,\tau)$ d'un canal radio par une approximation de la fonction impulsionnelle. Elles sont classées en trois catégories:
1. Technique de mesure par impulsion directe
2. Techniques de mesure utilisant des séquences pseudo aléatoires (PA):
 - Technique de compression d'impulsion ou technique de corrélation
 - Technique de corrélation glissante
 - Technique de mesure par filtre adapté
 - Technique de mesure par l'acquisition large bande
3. Techniques de mesure dans le domaine fréquentiel

Les méthodes 1 et 2 sont effectuées dans le domaine temporel, la méthode 3 dans le domaine fréquentiel. La classification de ces méthodes est présentée dans les tableaux 1.3 et 1.4.

Techniques de mesure de propagation	
Traitement des signaux à large bande	Traitement des signaux en bande étroite
Technique d'impulsion directe	Technique utilisant les séquences PA: technique de corrélation
Technique utilisant les séquences PA: mise en œuvre par filtre adapté	Technique utilisant les séquences PA: Technique de corrélation glissante
Technique utilisant les séquences PA: Acquisition à large bande	Technique de modulation continue en fréquence (FMCW ou chirp)
	Technique balayage en fréquence (mode pas à pas)

Tableau 1. 3 - Classification des techniques de mesure selon le traitement des signaux

Techniques de mesure de propagation	
Domaine temporel	**Domaine fréquentiel**
Technique d'impulsion directe	Technique de modulation continue en fréquence FMCW (Frequency Modulation Continuous Wave)
Technique utilisant les séquences PA : mise en œuvre par filtre adapté	
Technique utilisant les séquences PA : Acquisition large bande	Technique balayage en fréquence (mode pas à pas)
Technique utilisant les séquences PA: Corrélation	
Technique utilisant les séquences PA: Corrélation glissante	

Tableau 1. 4 - Classification des techniques de mesure selon le domaine de mesure

I.4.1. Technique d'impulsion directe

C'est une mesure directe de la réponse impulsionnelle du canal par une impulsion RF périodique de durée faible. Cette méthode se rapproche d'une fonction Delta en utilisant une pseudo-impulsion à l'émission (c'est à dire un signal RF de durée faible) pour exciter le canal. Elle est illustrée dans la figure suivante :

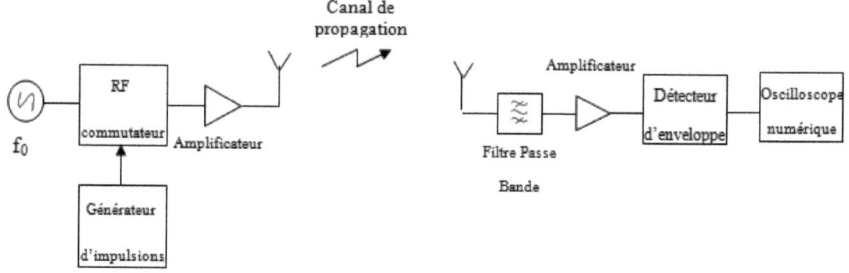

Figure 1. 3 - Schéma - bloc du sondeur de canal par impulsion périodique

Le générateur d'impulsion active le commutateur RF pendant un court instant, permettant ainsi de transmettre quelques périodes de la porteuse; ceci est équivalent à une impulsion étroite dans le domaine fréquentiel. Le signal reçu est amplifié, détecté et affiché sur l'oscilloscope numérique. Nous l'avons présenté dans la partie I.2.1, le canal de propagation est modélisé comme un système linéaire avec la réponse impulsionnelle en bande de base $h(\tau,t)$. Le signal reçu en bande de base x(t) est une convolution entre la réponse impulsionnelle et le signal émis en bande de base s(t).

Nous pouvons exprimer x(t) comme suit:

$$x(t) = \sum_{k=1}^{K} a_k e^{-j\psi_k} s(\tau - \tau_k) \quad (1.27)$$

La puissance du signal reçu est donnée par:

$$|x(t)|^2 = \sum_{k=1}^{K} |a_k|^2 |s(\tau - \tau_k)|^2 = \sum_{k=1}^{K} P_k |s(\tau - \tau_k)|^2 \quad (1.28)$$

P_k est la puissance de chaque trajet.

x(t) et $|x(t)|^2$ expriment correctement l'estimation de la réponse impulsionnelle et du PDP (Power Delay Profil).

Le principe de fonctionnement de cette technique de mesure est présenté sur la figure suivante.

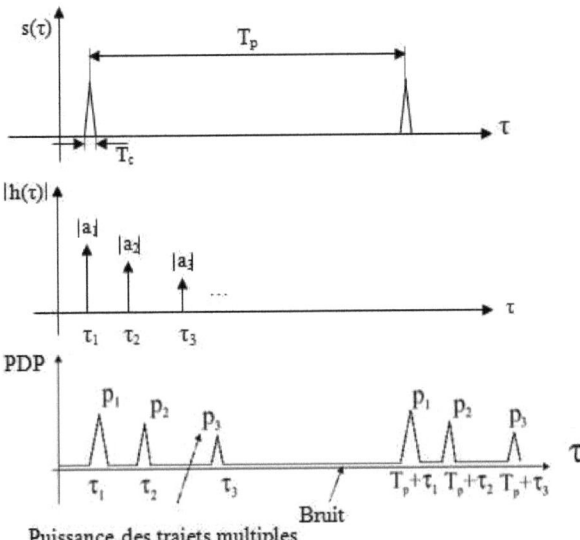

Figure 1. 4 - Principe de la technique d'impulsion directe

Une impulsion périodique s(τ) excite le canal qui introduit trois trajets représentant dans la réponse impulsionnelle h(τ). En réception, la réponse impulsionnelle est déterminée et le PDP est ensuite calculé, ce qui permet d'avoir les puissances et les retards de trajets multiples.

Pour que ce système mesure correctement chaque trajet multiple, les conditions suivantes doivent être satisfaites:

- La largeur d'impulsion doit être inférieure au retard relatif minimum entre deux trajets quelconques. Les trajets multiples sont superposés s'ils ont des retards relatifs inférieur à T_c. T_c est la résolution temporelle.
- La période T_P qui définit la distance maximale mesurable sans « ambiguité » du système de mesure est supérieure au retard maximal des trajets: $T_P > \tau_{max}$

Les avantages et les limitations de cette méthode sont les suivantes:

Avantages:

- La réalisation est simple: il faut avoir seulement un commutateur RF, un générateur de signal et un générateur d'impulsion.
- Le PDP est obtenu rapidement.
- Nous pouvons obtenir une bonne résolution et un temps de mesure rapide.

Limitations:

- La haute résolution requise pour la mesure des signaux nécessite un commutateur et un générateur d'impulsion rapides.
- A cause de la largeur d'impulsion courte, en réception, un récepteur large bande est indispensable, ce qui demande un système d'acquisition rapide car les signaux reçus sont en large bande.
- Le système nécessite un rapport de puissance maximale sur puissance moyenne élevée pour détecter les trajets multiples à faible amplitude. Cependant la plupart des générateurs ont une puissance crête limitée, ce qui limite alors la dynamique du système.
- Puisque le système utilise seulement les filtres large bande en émission et en réception, il laisse passer les interférences et le bruit qui limitent ainsi la dynamique du système. De plus, cette méthode est sensible aux interférences provenant d'autres systèmes.
- Dans ce type de sondeur, une impulsion RF étroite est transmise et l'enveloppe du signal reçu est détectée par le récepteur. Seulement les informations sur l'amplitude du signal reçu sont obtenues, il ne permet pas d'établir le spectre Doppler [4].

I.4.2. Techniques de mesure utilisant des séquences aléatoires

I.4.2.1. Technique de compression d'impulsion ou technique de corrélation

Pour comprendre le fonctionnement du système de compression impulsionnelle, il faut avoir une connaissance précise des bruits blancs et de leurs propriétés d'autocorrélation utilisables dans la mesure de la réponse impulsionnelle d'un canal radio.

La technique de compression d'impulsion utilise un bruit blanc pour exciter un canal radio et le récepteur calcule la corrélation entre la sortie du canal et un bruit blanc identique retardé temporellement. Le résultat est proportionnel à la réponse impulsionnelle $h(t,\tau)$.

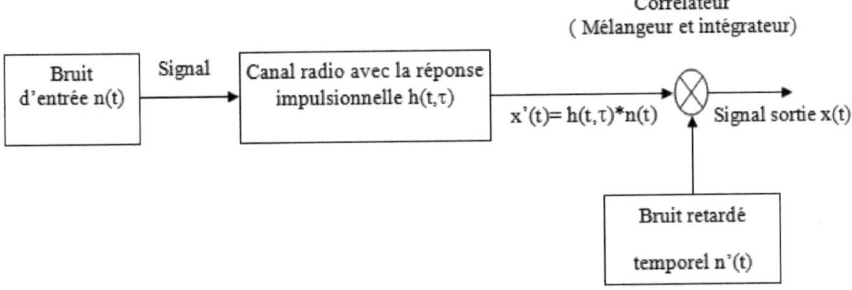

Figure 1. 5 - Schéma bloc du principe de la technique de mesure par corrélation

$n'(t) = n(t - \zeta)$ est une copie de n(t) retardé de ζ.

A la sortie du canal:

$$x'(t) = \int_0^\infty h(\tau, t) n(\tau) d\tau \qquad (1.29)$$

où $h(t, \tau)$ est la réponse impulsionnelle du canal
n(t) est le bruit à l'entrée.

Le corrélateur réalise une opération d'inter-corrélation entre $x'(t)$ et $n'(t) = n(t - \zeta)$.
A la sortie du corrélateur:

$$x(t) = \int_0^\infty h(t, \tau) . E[n(\tau) n(t - \zeta)] d\tau \qquad (1.30)$$

On rappelle la definition de l'autocorrélation d'un signal:

$$R_{yy}(t_1, t_2) = E[y(t_1) y^*(t_2)] \qquad (1.31)$$

Où   E[...] est l'opérateur Espérance.
   $y(t_1)$ est le premier signal à t_1.
   $y^*(t_2)$ est le conjugué du deuxième signal à t_2.
Si l'autocorrélation dépend seulement de la différence $\zeta = t_2 - t_1$
$R_{yy}(\zeta)$ devient alors:

$$R_{yy}(\zeta) = E[y(t) y^*(t - \zeta)] \qquad (1.32)$$

Et $\qquad x(t) = \int_0^\infty h(t, \tau) . R_{NN}(\zeta) d\tau = \int_0^\infty h(t, \tau) . N_0 . \delta(\zeta) d\tau \qquad (1.33)$

$$x(t) = N_0 . h(t, \zeta) \qquad (1.34)$$

N_0 est la densité spectrale de puissance du bruit blanc.

Alors:

- La sortie $x(t) = N_0.h(t,\zeta)$ est une fonction de ζ, et pour mesurer $h(t,\tau)$ la valeur ζ qui représente le décalage temporel de deux séquences du bruit sera ajustée pour obtenir $h(t,\tau)$. Cela demande un temps de calcul considérable.

- La technique de bruit blanc exige premièrement une connaissance de $n(t)$ qui est défini comme un signal aléatoire. En effet, la copie du bruit blanc est irréalisable. Ces limitations peuvent être surmontées dans la pratique en utilisant un signal de bruit pseudo aléatoire à longueur maximale MLSR (Maximal Length Linear Shift Register) qui a des propriétés d'autocorrélation proches d'un bruit blanc.

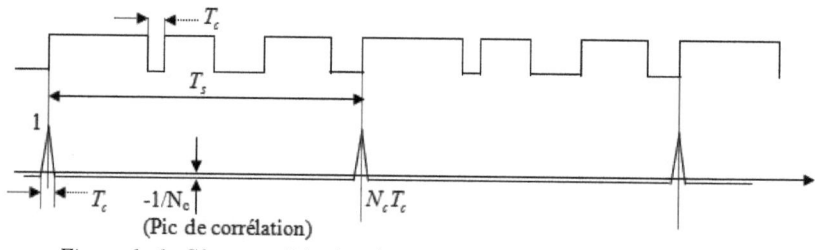

Figure 1. 6 - Séquence PA périodique avec des impulsions rectangulaires et sa fonction d'autocorrélation périodique

La figure 1.6 présente un signal pseudo aléatoire périodique dont la fonction d'aucorrélation est périodique. On remarque que sa forme triangulaire, avec une largeur de base de T_c. T_c est la période de l'horloge (la durée d'un bit de la séquence PA) et décide la résolution temporelle. Entre deux triangles, elle prend la valeur -$1/N_c$. Cette valeur est appelée résidu d'autocorrélation. La période de ce signal pseudo aléatoire est Ts = $N_c.T_c$; N_c est la longueur de la séquence PA à longueur maximale; $N_c = 2^r - 1$; r est nombre de registres.

Ces séquences PA à longueur maximale sont équivalentes au bruit blanc dans les applications réelles. Elles sont utiles pour un nombre d'applications; la mesure de propagation à trajets multiples est un exemple. En utilisant la technique de compression d'impulsion exposée en détail précédemment, le signal pseudo aléatoire est transmis sur un canal radio et le signal reçu est corrélé avec un signal pseudo aléatoire identique retardé temporellement. Ensuite le récepteur fait varier de façon discrète le retard temporel jusqu'à atteindre la fin de la séquence pseudo aléatoire générée par le récepteur. Le résultat de sortie obtenu est proportionnel à h(t,τ). Cette méthode peut nécessiter un temps de calcul et une puissance d'émission considérable. Cette limitation est surmontée par la technique de corrélation glissante.

I.4.2.2. Techniques de mesure par corrélation glissante

Le principe de cette méthode est basé sur la propriété d'auto-corrélation périodique des séquences pseudo aléatoires. La séquence PA générée dans le récepteur a un débit légèrement plus faible que celle générée par l'émetteur. Les deux séquences vont ainsi glisser l'une par rapport à l'autre. Quand les deux séquences sont en phase, la corrélation entre le signal reçu et la séquence générée par le récepteur est maximale. Le pic de corrélation est observé. Ainsi, il est possible de mesurer avec le récepteur l'amplitude et le retard de tous les trajets multiples dans le canal de propagation.

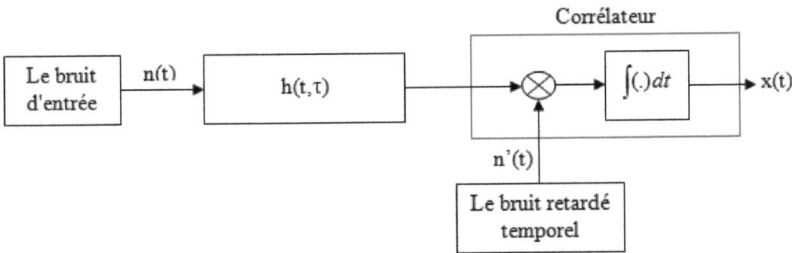

Figure 1. 7 - Schéma bloc du principe de la technique de mesure par corrélation glissante

$n'(t)$ et $n(t)$ sont les séquences pseudo aléatoires identiques et de longueur maximale

$$n'(t) = n\left(t - \frac{f_r}{f_t}t\right) \qquad (1.35)$$

f_r est la fréquence d'horloge du signal pseudo aléatoire généré dans le récepteur.
f_t est la fréquence d'horloge du signal pseudo aléatoire à l'émetteur.

Le signal à la sortie du corrélateur est:

$$x(t) = \int_0^\infty h(t,\tau) E\left[n(\tau)n\left(\tau - \frac{f_r}{f_t}\tau\right)\right] d\tau \qquad (1.36)$$

$E[n(\tau)n(\tau - \frac{f_r}{f_t}\tau)]$ devient $R_{NN}\left(\frac{f_r}{f_t}\tau\right)$ car les signaux pseudo aléatoires sont réels.

$$x(t) = \int_0^\infty h(t,\tau) R_{NN}\left(\frac{f_r}{f_t}\tau\right) d\tau \qquad (1.37)$$

En remplaçant l'expression (1.3) dans l'expression (1.37) et en utilisant les propriétés sélectives de la fonction Delta, le résultat sera donné par:

$$x(t) = \sum_{k=1}^{K} a_k(t) e^{-j\psi_k(t)} . R_{NN} \left[\frac{f_r}{f_t} t - \tau_k(t) \right] \qquad (1.38)$$

- Le terme $\frac{f_r}{f_t} t$ n'est pas constant ; il représente un décalage temporel de la fonction d'autocorrélation et il est connu comme la dilatation temporelle qui a un effet important sur le système de mesure, voir l'exemple ci-dessus.
- La valeur de ζ varie automatiquement et la sortie du système de mesure devient une fonction du temps.
- La réponse impulsionnelle réelle, $h(t,\tau)$, est maintenant calculée avec la sortie du système de mesure en utilisant un paramètre, le facteur de glissement k.

$$k = \frac{f_r}{f_t - f_r} \qquad (1.39)$$

Le facteur k permettra d'élargir l'échelle du temps.

Par exemple, si un sondeur de canal utilise un code pseudo aléatoire de 100MHz généré dans l'émetteur [24] et un facteur k = 10.000 (le code pseudo aléatoire au récepteur a pour fréquence 99,99 MHz), alors l'impulsion de corrélation croisée avec la largeur de 10 ns sera affichée comme une impulsion de 100 µs (10.10^{-9} x 10.000). Pour obtenir une réponse impulsionnelle complète, la fenêtre d'observation est de $k.N_c.T_c$ [37].

La technique de corrélation glissante a des limitations importantes:

- Il est difficile de mettre en œuvre. En effet, il demande un traitement complexe pour reconstituer la réponse impulsionnelle du canal.
- Le pouvoir de résolution temporelle est de T_c. Pour obtenir une bonne résolution temporelle, il demande un générateur des séquences pseudo aléatoire avec un débit important.
- La période de répétition d'une séquence PA est de $N_c T_c$ seconde. Donc, $N_c T_c$ doit être supérieur au retard temporel maximal attendu pour les trajets multiples dans le canal de propagation. La fenêtre d'observation de $kN_c T_c$, qui doit être inférieur au temps de cohérence du canal, sera longue. Ceci limite la mesure des décalages Doppler.
- La dynamique théorique du système à étalement de spectre est limitée par la longueur du code pseudo aléatoire.

I.4.2.3. Techniques de mesure utilisant des séquences aléatoires - Mise en œuvre par filtre adapté

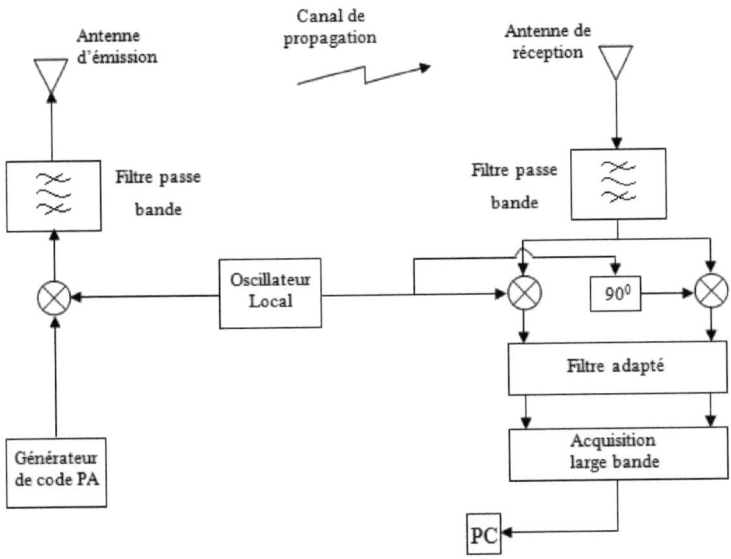

Figure 1. 8 - Sondeur de canal par filtre adapté

La technique de mesure par filtre adapté consiste à émettre une porteuse modulée en phase par une séquence pseudo aléatoire de longueur maximale L. Dans cette technique, le signal émis après être transporté à la fréquence porteuse f_0 s'écrit :

$$s(t) = c(t).\cos(2\pi f_0 t) \qquad (1.40)$$

c(t) est le code de longueur N_c et de période $N_c T_c$. c(t) est obtenu à partir d'un registre à décalage constitué de n bascules ($N_c = 2^r - 1$).

Où T_c est la durée d'un chip code.
Le schéma synoptique d'un sondeur de canal basé sur cette technique est illustré dans la figure 1.8.
Le signal reçu est :

$$x(t) = h(t,\tau) * s(t) = \int_{-\infty}^{\infty} h(\zeta,t).c(t-\zeta).\cos(2\pi f_0 (t-\zeta)) d\zeta + n(t) \qquad (1.41)$$

En réception, après une démodulation cohérente sur les voies I et Q, on obtient l'enveloppe complexe du signal.

$$env(t) = I(t) + jQ(t) \qquad (1.42)$$

Les signaux sont ensuite filtrés par un filtre de réponse impulsionnelle $h_{FA}(t)$

$$h_{FA}(t) = \begin{cases} \dfrac{1}{LT_c} c(LT_c - t) & \text{pour } t \in [0, LT_c] \\ 0 & \text{ailleurs} \end{cases} \quad (1.43)$$

Après un développement mathématique et grâce aux propriétés d'autocorrélation des codes PA, à la sortie du filtre adapté l'enveloppe complexe du signal peut s'exprimer comme suit [24]:

$$env_{FA}(t) = env(t) * h_{FA}(t) = \int_{-\infty}^{\infty} env(\tau) h_{FA}(t - \tau) d\tau$$
$$env_{FA}(t) = h(t, \tau) * \phi(\tau) \quad (1.44)$$

$\phi(\tau)$ est la fonction d'autocorrélation du code PA.

$$\phi(\tau) = \phi(-\tau) = \frac{1}{LT_c} \int_{-LT_c}^{0} c(t - \tau) c(t) dt \quad (1.45)$$

Cette technique de mesure permet d'augmenter le rapport signal sur bruit maximal [29]. Cependant il est nécessaire d'avoir un système d'acquisition rapide car les signaux sont en large bande. Le coût du système est important notamment quand de multiples récepteurs sont mis en œuvre. Notre but est de réaliser un sondeur SIMO faible coût, ce qui élimine cette technique.

I.4.2.4. Techniques de mesure utilisant des séquences aléatoires - Acquisition large bande

Les techniques de mesure par impulsion directe ou par séquences PA (corrélation, corrélation glissante) permettent de faire l'acquisition de la réponse impulsionnelle en temps réel. La technique basée sur l'utilisation d'un filtre adapté en analogique est difficile de réaliser quand les séquences PA sont longues et les débits sont importants. Une autre solution est basée sur l'acquisition d'un signal à large bande. En effet, cette technique consiste à différer le traitement par filtre adapté. Dans un premier temps de démoduler le signal reçu. Ensuite les signaux sur les voies I et Q sont échantillonnés et stockés pour un traitement ultérieur. Un traitement numérique effectue l'opération de convolution avec la renversée du code émis, permettant ainsi de récupérer la réponse impulsionnelle du canal. Ce traitement numérique n'est pas influencé par les nonlinéarités inhérentes dues aux composants analogiques du filtre adapté et permet donc d'exploiter de façon optimale les performances du filtre adapté et aussi de nous approcher des limites de la dynamique. Deux sondeurs de canal utilisant cette technique ont été présentés dans les références [24] [27].

L'inconvénient de cette technique est que les contraintes sur le système d'acquisition sont les mêmes car le signal est toujours à large bande. Le coût reste important notamment à cause du système de mesure utilisant des multi capteurs. Cette technique n'est donc pas adaptée à notre objectif: réalisation d'un sondeur de canal multi capteurs à faible coût.

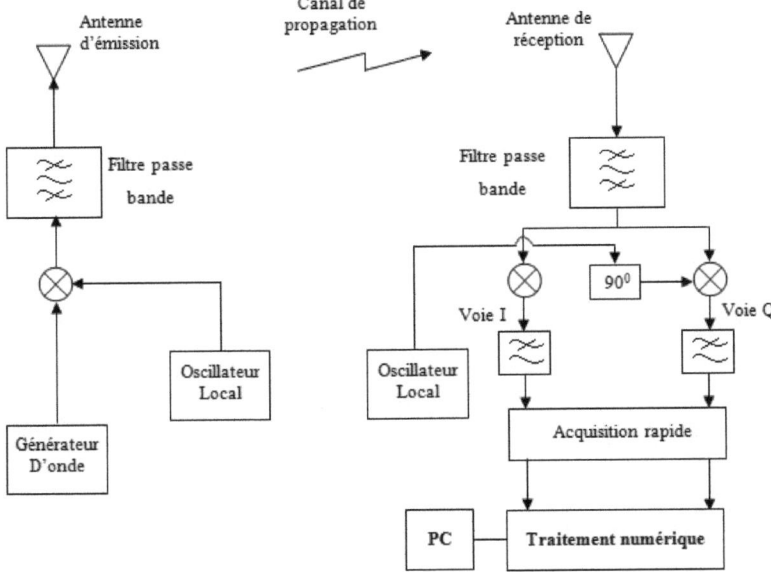

Figure 1. 9 - Sondeur de canal basé sur la technique d'acquisition d'un signal large bande

La technique de mesure utilisant les séquences PA souffre de deux défauts:

- Le spectre du signal est de la forme sinus cardinal. Il faut donc utiliser le filtre en émission pour filtrer les signaux dans bande adjacente. La présence du filtre diminue les performances du système de mesure.
- Après le filtrage, l'enveloppe complexe du signal n'est plus constante. Il faut donc travailler dans la zone linéaire de l'amplificateur de puissance, influençant ainsi le bilan de liaison.

I.4.3. Techniques de mesure de la propagation dans le domaine fréquentiel

La technique de balayage de fréquence est bien connue dans la théorie du Radar. La mesure de la propagation en large bande dans le domaine fréquentiel consiste à mesurer la réponse fréquentielle du canal [8], [9], [11], [12].

Nous présenterons d'abord le principe de cette technique. Les avantages et les limitations de cette technique sont aussi analysés.

I.4.3.1- Principe

Dans le domaine fréquentiel, le canal de propagation peut être considéré comme un système linéaire variant au cours du temps, caractérisé par une réponse fréquentielle H(f,t):

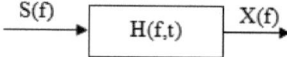

Figure 1. 10 - *La fonction de transfert du canal*

La réponse fréquentielle complexe peut être mesurée en comparant le signal émis S(f) et le signal reçu X(f) dans le domaine fréquentiel:

$$H(f,t) = \frac{X(f)}{S(f)} \quad \text{ou bien} \quad X(f) = H(f,t)S(f) \quad (1.46)$$

S'il n'y a pas de mouvements dans l'environnement, le canal de propagation est stationnaire dans le temps. La relation entre la réponse impulsionnelle et la réponse fréquentielle est donnée par la transformée de Fourier.

L'idée de la technique fréquentielle est de déterminer $H(f,t)$ seulement dans une bande finie de fréquence $B_{sw} = f_{max} - f_{min}$. La limitation vient du fait qu'il est impossible de balayer une bande infinie de fréquences, limitation due à l'impossibilité de générer des impulsions de Dirac dans le domaine temporel. Cette limitation de la bande de fréquence peut être modélisée mathématiquement par un produit avec une fenêtre fréquentielle :

$$W(f) = \begin{cases} 1 & \text{si} \quad f_{min} \leq f \leq f_{max} \\ 0 & \text{si} \quad f < f_{min}, f > f_{max} \end{cases} \quad (1.47)$$

En réalité, il y a cinq types de fenêtre fréquentielle: Rectangulaire, Hamming, Hanning, Kaiser-Bessel et Blackman-Harris. Comme les mesures sont effectuées sur une bande finie de fréquence, il y a donc une influence de la fenêtre sur les résultats.

En théorie:

$$h(\tau,t) = \int_{-\infty}^{\infty} H(f,t) e^{j2\pi ft} df \quad (1.48)$$

En réalité:

$$h_{eff}(\tau,t) = \int_{f_{min}}^{f_{max}} H(f,t) e^{j2\pi ft} df \quad (1.49)$$

$$h_{eff}(\tau,t) = \int_0^\infty H(f,t)W(f)e^{j2\pi ft}df \qquad (1.50)$$

Alors, l'analyse dans le domaine fréquentiel fournit seulement une réponse fréquentielle effective:

$$H_{eff}(f,t) = W(f)H(f,t) \qquad (1.51)$$

Dans le domaine temporel, ce produit est équivalent à une convolution:

$$h_{eff}(\tau,t) = w(t) * h(\tau,t) \qquad (1.52)$$

Où $w(t) = TF^{-1}\{W(f)\}$

Pour le canal variant dans le temps, les mesures effectuées avec des impulsions périodiques permettent d'obtenir une famille de réponses $h(\tau,t)$ (à chaque instant t).

Donc, (1.52) devient :

$$h_{eff}(\tau,t) = \sum_{k=1}^{K} a_k(t) e^{j\psi_k(t)} w(t - \tau_k) \qquad (1.53)$$

Cette relation montre que d'un point de vue formel, la méthode fréquentielle est analogue au sondeur de canal dans le domaine temporel dans lequel le signal fenêtre $w(t)$ de type $\sin(x)/x$ (sinus cardinal) va exciter le canal en remplaçant des impulsions de Dirac atténuées et retardées. C'est à dire, la méthode fréquentielle fournit des signaux fenêtres de type $\sin c(x)$ atténués et retardés selon la réponse impulsionnelle du canal.

L'équivalence dans le domaine temporel de la technique fréquentielle est présentée dans la figure 4.11. Cette équivalence dans le domaine temporel permet de déterminer sa résolution temporelle. En effet, le lobe principal de la fonction fenêtre $w(t)$ est annulé pour $t = T = 1/2B_{sw}$, B_{sw} est la bande de mesure du sondeur de canal. Si l'on regarde la fonction $h_{eff}(t)$, on constate que pour séparer les lobes principaux de deux trajets successifs de retards τ_1 et τ_2, la résolution temporelle est de $\Delta \tau = 2T = 1/B_{sw}$. Ce qui veut dire que la résolution temporelle d'un sondeur de canal dans le domaine fréquentiel est donnée par l'inverse de la bande de mesure $1/B_{sw}$.

En réalité, la résolution est meilleure si les amplitudes des deux trajets (a_1 et a_2) sont comparables. Par contre, si a_2 est très inférieur à a_1, le trajet d'amplitude a_2 peut être masqué par les lobes secondaires du trajet d'amplitude a_1. Tout filtrage modifie le signal $h_{eff}(t)$ et ainsi la résolution temporelle. Pour les mesures pratiques, on accepte que la résolution temporelle du sondeur de canal dans le domaine fréquentiel soit de $\Delta \tau = 1/B_{sw}$.

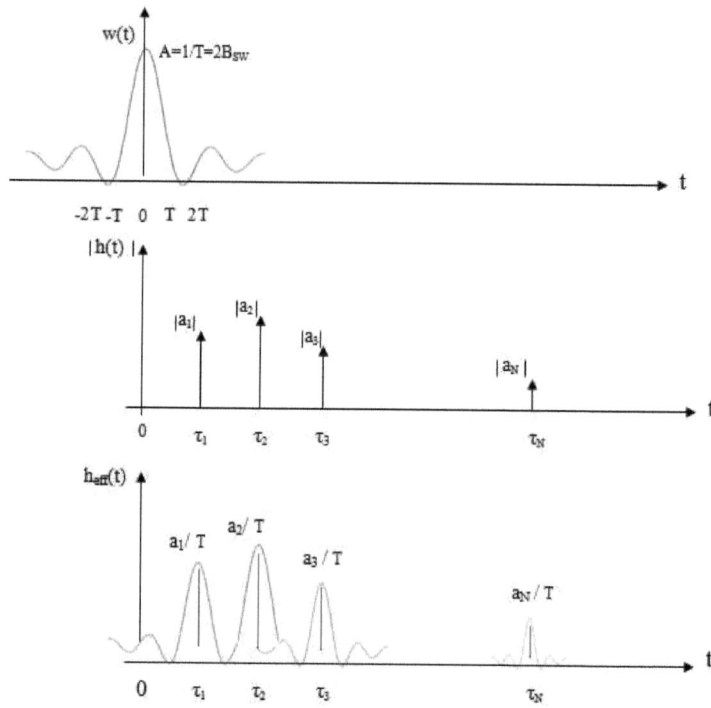

Figure 1. 11 - Equivalence dans le temps de la technique fréquentielle

En général pour la communication à l'intérieur ou dans le bâtiment, le canal est variant dans le temps à cause des mouvements (l'émetteur, le récepteur ou les objets situés dans l'environnement). La technique consiste à échantillonner $H(f,t)$ selon les axes temporel et fréquentiel en émettant un signal à fréquence fixe et en mesurant l'affaiblissement et la phase relative du signal reçu. En pratique, pour obtenir une bonne résolution temporelle c.à.d. $\Delta\tau$ petite dans le cas d'analyse à large bande, il faut répéter cette opération à plusieurs fréquences distinctes. Cela signifie que nous mesurons successivement $H(f_0,t_0)$ puis $H(f_0+\Delta f, t_0+\Delta t)$ et ainsi de suite, jusqu'à $H(f_0+(N-1)\Delta f, t_0+(N-1)\Delta t)$

Où :

Δf est le pas de fréquence

Δt est le temps nécessaire pour une mesure

Le temps de mesure complète sur toute la bande de fréquence $B_{sw} = N.\Delta f$ est donc de:

$$T_b = N.\Delta t \text{ (s)} \qquad (1.54)$$

Nous obtenons la réponse impulsionnelle du canal par transformée de Fourier inverse selon l'axe des temps.

La résolution temporelle obtenue est de:

$$\Delta \tau = \frac{1}{B_{sw}} = \frac{1}{N.\Delta f} \qquad (1.55)$$

Comme la fonction $H(f,t)$ est échantillonnée au pas Δf, il y a repliement de la partie de $h(\tau,t)$ pour laquelle $\tau > 1/2\Delta f$ sur l'intervalle $[0, 1/2\Delta f]$. Pour éviter ce phénomène, il faut s'assurer que l'on a $\Delta f < 1/2\tau_{max}$ avec τ_{max} vérifiant $h(\tau,t) = 0$ si $\tau > \tau_{max}$.

I.4.4.2. Mise en œuvre

La technique fréquentielle est réalisée en balayant soit linéairement en fréquence soit par pas. La figure 1.12 présente le système de mesure de la réponse fréquentielle du canal en mesurant les points discrets en fréquence. Comme indiqué dans la figure 12, un générateur de signal CW varie rapidement sur la bande de fréquence B_{sw} par pas discret Δf. La réponse fréquentielle complexe est obtenue en comparant le signal émis et le signal reçu dans le domaine fréquentiel sur la bande de fréquence choisie. Autrement dit, la fonction de transfert du canal H(f,t) est mesurée à chaque pas de fréquence et la réponse impulsionnelle est obtenue par la transformée de Fourier inverse.

En considérant la transformée de Fourier Discrète, la bande de fréquence balayée B_{sw} correspond à une impulsion de durée $2/B_{sw}$ dans le domaine temporel. Le pas de fréquence discrète Δf correspond à un signal périodique avec une période de $1/\Delta f$ dans le domaine temporel (*Figure 1.13*).

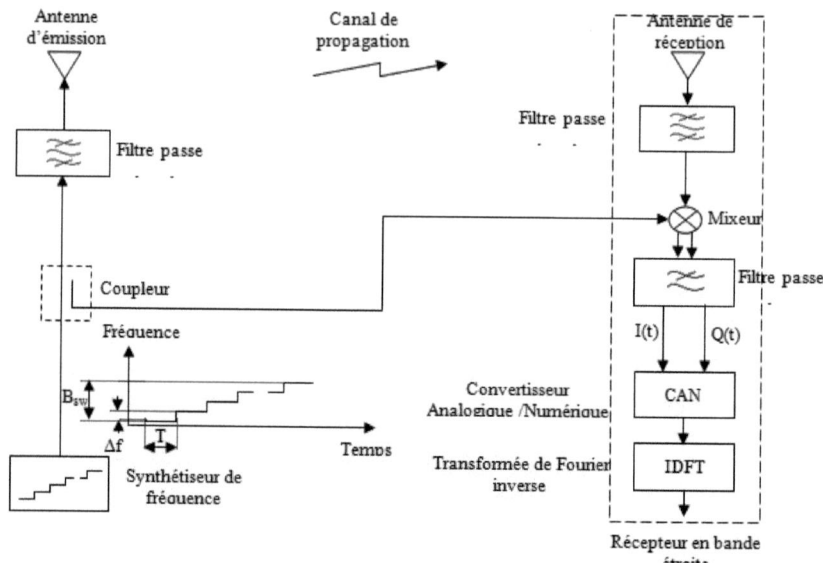

Figure 1. 12 - Sondeur de canal fréquentiel

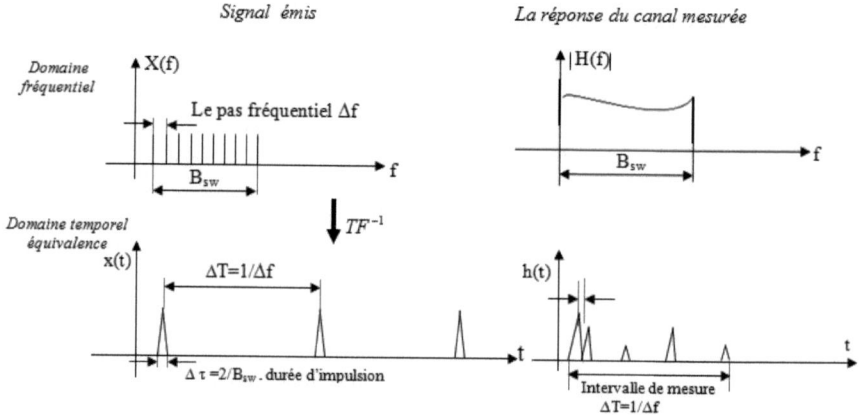

Figure 1. 13 - Equivalence dans le temps de la technique fréquentielle

Ce type de sondeur de canal a été réalisé pour la première fois en 1990 à Worcester, aux Etats-Unis par Kaveh Pahlavan et Steven J.Howard [3].

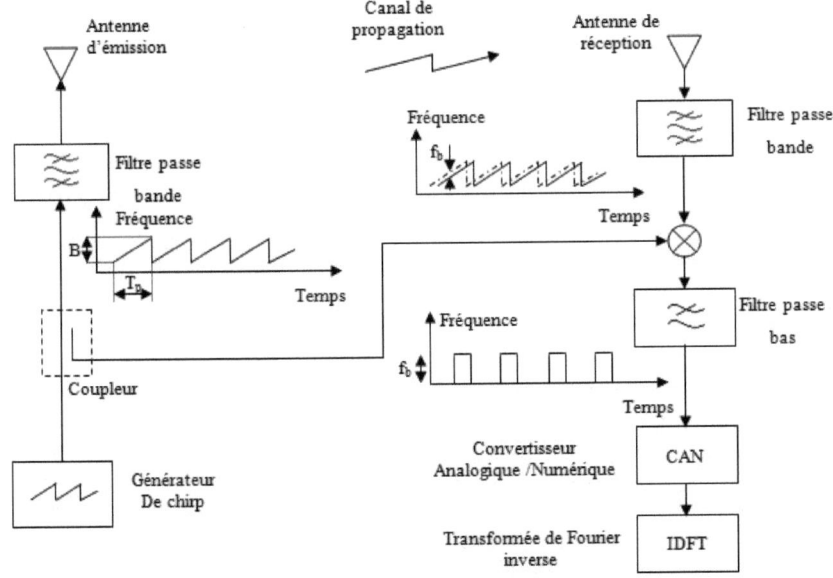

Figure 1. 14 - Sondeur de canal FMCW

La technique fréquentielle effectuée en mode « pas à pas » donne des mesures précises. Cependant le temps de balayage est important. Une autre technique dans le domaine fréquentiel dite modulation continue en fréquence ou technique de mesure FMCW est mise en œuvre en balayant linéairement dans la bande de fréquence (figure 1.14). Le temps de balayage est plus rapide par rapport au mode « pas à pas».

Cette technique est difficile à mettre en œuvre et les mesures ne sont pas très précises par la limite du « hardware ». En effet, le balayage n'est pas parfaitement linéaire dans la bande de fréquence balayée, représentant ainsi une limite pour des mesures de longues distances. De plus, cette technique demande une très bonne isolation entre l'émetteur et le récepteur car le système transmet et reçoit les signaux simultanément.

- *Avantages et inconvénients des techniques fréquentielles*

Avantages:

- L'avantage de cette technique réside dans le fait que le système de mesure fonctionne toujours en bande étroite car un seul point fréquence est observé à un instant donné (f_0, $f_0 + \Delta f$,..., $f_0 + (N-1)\Delta f$) ; ceci explique la possibilité d'obtenir une

grande dynamique de mesure. D'autre part cette technique résiste aux interférences provenant d'autres systèmes et utilise efficacement la bande de fréquence.
- La réalisation est simple et rapide ; il faut avoir un analyseur de réseau vectoriel, un générateur de signaux fonctionnant dans la bande de fréquence choisie.
- La résolution temporelle du système de mesure est directement proportionnelle à la bande de fréquence balayée (équation 11) et le retard maximal mesurable est égal à la durée de balayage. Avec cette technique on peut obtenir une bonne résolution temporelle de l'ordre de la ns avec la possibilité d'utiliser des bandes de fréquences assez larges, par exemple avec B_{sw} = 2 GHz ceci donne $\Delta\tau$ = 0.5 ns, ce qui est très difficile à atteindre avec les méthodes temporelles. D'autre part, on peut avoir la possibilité d'ajuster la bande de fréquence et donc la résolution temporelle.
- Cette méthode donne directement le module et la phase de la réponse fréquentielle.

Inconvénients:

- Cette technique est lente, pour une raison propre à son fonctionnement: les réponses en chacun des points fréquentiels sont effectuées les unes après les autres. Entre deux points de mesure, le temps occupé est fonction du temps de verrouillage de la source, du temps de passage dans le canal et du temps de mesure (qui inclut le temps de réponse des différents composants: mélangeur, filtre bande étroite, transformée de Fourier…).
- Cette méthode de mesure est restreinte à la mesure de canaux quasi stationnaires ou évoluant très lentement au cours du temps. En pratique, la fréquence Doppler maximale est souvent inférieure à une vingtaine de Hz pour la fréquence porteuse f_0 <2 GHz, et pour les fréquences élevées il est très difficile d'observer le Doppler.
- Le temps de balayage de la bande de mesure est important. Pour avoir les bons résultats de mesure, le nombre de pas de fréquences (N) doit être important, augmentant donc le temps de balayage (équation 10), et diminuant le temps entre deux mesures successives. En pratique le temps T_b nécessaire pour couvrir une bande de 400 MHz est au minimum de plusieurs centaines de ms et de plusieurs dizaines de ms pour une bande de 200 MHz.

- L'émetteur et le récepteur doivent être connectés, c'est à dire qu'il y a une liaison câblée entre les deux antennes et l'appareil de mesure (analyseur de réseau vectoriel). Cette contrainte limite la distance maximale entre les antennes (environ 100 m). Il s'avère difficile de prendre ce type de système de mesure pour la communication extérieure. Cette distance est cependant suffisante pour les mesures à l'intérieur des bâtiments dans notre cas.

I.4.4. Les performances d'un sondeur de canal:

Dans cette partie, nous présentons les performances d'un sondeur de canal en général. Nous insistons sur celles du sondeur fréquentiel et celles du sondeur utilisant la technique de corrélation glissante car actuellement ces deux types de sondeur sont largement développés.

Quant aux performances d'un sondeur, quatre paramètres doivent guider le choix: la dynamique, la résolution dans le domaine des retards (c'est la capacité à distinguer les trajets multiples contigus), la résolution dans le domaine fréquentiel (la précision de la mesure des décalages Doppler), la résolution spatiale et la stabilité de la source de fréquence du système.

La dynamique:

La dynamique d'un sondeur est définie par la différence de niveaux entre le plus fort et le plus faible écho reçus mesurables. La dynamique du sondeur fréquentiel dépend principalement de la nature de la fenêtre utilisée lorsque la transformée de Fourier est appliquée. En réalité, la dynamique peut varier de façon assez importante. Cependant, la dynamique d'un sondeur temporel basé sur la technique de corrélation glissante est équivalente à $20 \times Log_{10} N_c$ (dB) si l'on néglige le bruit du système où $N_c = 2^r - 1$ est la longueur maximale de la séquence PA.

La résolution des retards de trajets multiples:

La valeur de la résolution des retards de trajets multiples est déterminée en fonction de la résolution spatial souhaitée.
Ceci se traduit par la capacité du sondeur à distinguer les différents trajets qui arrivent avec différents retards. La valeur de la résolution spatiale est choisie en fonction de la topographie de l'environnement. Pour une liaison extérieure ou bien une communication à l'extérieur des bâtiments ou en ville, une résolution $\Delta \tau$ d'une cinquantaine de nanosecondes, équivalente à la distance $\Delta S = c . \Delta \tau = 3.10^8 \times 50.10^{-9} = 15$ m, suffit à discerner les trajets multiples. Cependant, dans un environnement à l'intérieur d'un bâtiment ou entre les étages d'un bâtiment comme dans notre étude, il est indispensable d'avoir une résolution inférieure à la dizaine de nanosecondes, correspondante à la distance $\Delta S = 3$ m.
Le problème pour la valeur de la résolution concerne la fenêtre d'ambiguïté des échos T_f, qui doit être suffisamment grande pour garantir qu'aucun écho ne puisse intervenir après ce retard maximal. Cependant, cette fenêtre doit être inférieure au temps de cohérence du canal, T_c : $T_F < T_c$ (s).
Dans le sondeur fréquentiel, la résolution temporelle théorique correspond à la bande de fréquence balayée donnée par l'équation (11) et la fenêtre d'observation correspond à la valeur N. $\Delta \tau$:

$$T_F = N.\Delta\tau = N.\frac{1}{N.\Delta f} = \frac{1}{\Delta f} \quad \text{(s)} \tag{1.56}$$

Pour avoir la résolution exacte, il faut tenir compte du type de fenêtre appliqué lors de la transformée de Fourier inverse.

Dans le sondeur temporel basé sur la technique de corrélation glissante, la résolution temporelle est une fonction de la fréquence d'horloge de la séquence PA c'est à dire le débit de la séquence PA :

$$\Delta\tau = \frac{1}{R_c} \quad \text{(s)} \tag{1.57}$$

Par exemple: R_c = 400 Mchip/s, ce qui donne $\Delta\tau$ = 2.5 ns (ΔS = 80 cm)
Et la fenêtre d'ambiguïté est obtenue alors par la valeur $N_c.\Delta\tau$:

$$T_F = N_c\Delta\tau = (2^r - 1)\Delta\tau \quad \text{(s)} \tag{1.58}$$

Résolution des décalages Doppler :

La limite de résolution des décalages Doppler dépend de la vitesse du mobile v_m, de la fréquence porteuse f_0 et du temps de balayage. Le décalage Doppler maximal observé lorsqu'un récepteur mobile se déplace à la vitesse v_m est de B_D:

$$B_D = 2.f_D = 2.\frac{v_m}{\lambda} = \frac{2.v_m.f_0}{c} \quad \text{(Hz)} \tag{1.59}$$

La fréquence Doppler maximale mesurable dépend du temps de balayage:

$$f_D = \frac{1}{T_b} \quad \text{(Hz)} \tag{1.60}$$

Dans le sondeur fréquentiel, le temps de balayage est donné par l'équation (10). Cependant dans le sondeur à corrélation glissante ce temps est égal à:

$$T_b = k.N_c.\Delta\tau \quad \text{(s)} \tag{1.61}$$

Si on fixe T_b, la vitesse maximale qu'il ne faut pas dépasser pour que les résultats soient valides est donnée par l'équation (18):

$$v_m = \frac{c}{f_0.T_b} \quad \text{(m/s)} \tag{1.62}$$

Source de fréquence:

Lors des mesures, l'exactitude de la génération de fréquence ou de temps dépend seulement des performances des sources de fréquence utilisées à l'émission et à la réception. Il y aura un glissement lent de fréquence entre l'émetteur et le récepteur s'il y a une légère différence entre les sources. Cette dérive engendre les erreurs pour la récupération de la réponse impulsionnelle. Une période de mesure peut être définie comme le temps qu'il faut pour effectuer un glissement d'une seule unité de résolution temporelle. Par exemple, si la période de mesure est de 40 ms et la résolution temporelle est de 2 ns, la différence de fréquence entre les deux sources doit être de l'ordre de $5.10^{-8} = (2.10^{-9} / 4.10^{-2})$. Même si la synchronisation est parfaite entre l'émission et la réception, le problème du bruit de phase des oscillateurs va malgré tout des erreurs sur la fréquence Doppler.

Les sondeurs existants:

Le tableau 1.5 résume les caractéristiques principales de sondeurs de canal existants et démontre l'intérêt de cette étude.

Réf	Type de sondeur	Fréquence	Résolution temporelle	Dynamique (dB)	Méthode de traitement	Pays
[11]	SISO/Fréquentiel	60 GHz	0.25 ns	> 40	IFFT	Allemagne
[12]	SISO/Fréquentiel	7 GHz	0.5 ns	> 40	IFFT	Japon
[13]	SISO/SPA[1]	5.5 GHz	50 ns	36	IFFT	Angleterre
[14]	MIMO/Fréquentiel	5.85 GHz	?	?	3D ESPRIT[2]	Japon
[15]	SISO/FMCW	2 GHz	3.8 ns	35	IFFT	Angleterre
[16]	SISO/Fréquentiel	910 MHz	4 ns	>25	IFFT	Etats-Unis
[17]	SIMO/SPA[1]	1920 MHz	100 ns	40	IFFT	Etats-Unis
[18]	SIMO/SPA[1]	24 GHz	2 ns	55	SAGE[3]	Suisse
[19]	SIMO/SPA[1]	2.15 GHz	33 ns / 40°	12 (Spatial)	BF[4]	Finlande
[20]	SISO/SPA[1]	2.45	12 ns	60	IFFT	France
[21]	SIMO/Fréquentiel	5.8 GHz	?	?	ESPRIT[2]	Japon
[22]	SISO/Fréquentiel	1.57 GHz	20 ns	> 40	IFFT	Autriche
[23]	SIMO/FMCW	59 GHz	5 ns	> 80	IFFT	Norvège
[24]	MIMO/SPA[1]	2 GHz	10 ns	> 40	ESPRIT[2]	France
[25]	SISO/Fréquentiel	60 GHz	0.5 ns	> 40	IFFT	France
[26]	MIMO/FMCW	2 GHz	20 ns	> 40	SAGE[4]	Angleterre
[38]	SIMO/	2.4 GHz	(2-5) ns	> 40	MUSIC[5]	France

	Fréquentiel				

Tableau 1. 5 - Quelques sondeurs de canal actuels dans le monde

SPA[1]: Séquences Pseudo Aléatoires; ESPRIT[2] (Estimation of Signal Parameters via Rotational Invariance Techniques); SAGE[3] (Space-Alternating Generalized maximisation Expectation); BF[4](Beam Forming); MUSIC[5] (MUltiple SIgnal Classification).

La plupart des sondeurs actuels sont des sondeurs SISO. Ils ne permettent donc pas de mesurer et de caractériser spatio-temporellement le canal de propagation variant au cours du temps. Les sondeurs basés sur la technique fréquentielle utilisent un analyseur de réseau vectoriel qui a un coût élevé. Peu de sondeurs existants permettent de caractériser complètement le canal de propagation à cause du coût élevé de ces dispositifs. Les sondeurs SIMO ou MIMO actuels utilisent soit un réseau d'antennes aux entrées desquelles commute le sondeur de canal [24], soit un réseau virtuel et soit une antenne tournante. Le temps d'effectuer une mesure complète est long, empêchant la mesure des canaux variant au cours du temps.

Un seul sondeur MIMO dans lequel se situe un réseau de 8 récepteurs parallèles permet d'effectuer d'acquisition simultanée [26]. Cependant, le coût de réalisation est très élevé. Nous proposons un sondeur de canal multi capteur utilisant les systèmes cinq-ports qui ont un faible coût de réalisation. Ce système permet d'effectuer l'acquisition à un instant donné et en une seule fois de l'ensemble des mesures dans un plan donné.

Conclusions du chapitre 1

Dans ce chapitre nous avons présenté la caractérisation du canal de propagation basée sur la théorie proposée par Bello en mesurant l'une des quatre fonctions de base. Cette caractérisation à large bande permet de déterminer des paramètres du canal tels que la dispersion temporelle, la bande de cohérence, le temps de cohérence, etc. Nous avons ensuite développé les techniques de mesure et de caractérisation d'un canal de propagation en mesurant la réponse impulsionnelle $h(t,\tau)$ du canal par une approximation de la fonction impulsionnelle. Parmi ces méthodes, la technique fréquentielle a été expliquée, avec des considérations détaillées sur les avantages et les inconvénients de la méthode. Des précisions ont été données sur les paramètres principaux d'un sondeur fréquentiel.

Il est difficile de désigner qu'elle est la meilleure technique, technique temporelle ou fréquentielle. Le choix de la méthode de sondage mise en œuvre dépend de l'application prévue du système et il faut prendre aussi en compte d'autres considérations telles que les moyens financiers.... Dans notre cas, le but est de mesurer la propagation dans les bâtiments à la fréquence 2.4 GHz. Le choix de technique de mesure est basé sur deux critères:

- 1er critère: la technique de mesure devra être simple à mettre en œuvre et de faible coût de réalisation.
- Le deuxième critère: la technique est adaptable à l'environnement intérieur où le canal de propagation est quasi stationnaire ou ne variant pas très rapidement dans le temps.

Parmi les techniques de mesure présentées précédemment, et en tenant compte des deux critères énumérés, nous avons choisi la technique fréquentielle pour la mise en œuvre du système de mesure caractérisé par sa simplicité et par son faible coût.

Cette technique a l'avantage d'être facile à mettre en œuvre et d'être très performante en terme de résolution temporelle, convenant ainsi parfaitement à la mesure de la propagation en environnement fermé. D'ailleurs, cette technique est très utilisée pour la mesure de la propagation dans l'environnement indoor dans d'autres publications [8][9][11][12].

La suite de l'étude concerne la réalisation des sondeurs de canal basés sur la technique fréquentielle utilisant les corrélateurs cinq-ports en technologie micro ruban détaillés dans les chapitres 3 et 4. Mais d'abord, nous présentons le corrélateur cinq-port en technologie micro ruban.

Bibliographie

[1]- P. F. M. Smulders and Anthony G.Wagemans, "Frequency-domain measurement of the milimeter wave indoor radio channel," IEEE Trans on Instrumentation and Measurement, vol.44, No.6, December 1995.
[2]- Mercedes Sanchez Varela and Manuel Garcia Chanchez, "RMS delay and coherence bandwidth measurements in indoor radio channels in the UHF band," IEEE Trans on Vehicular Technology, Vol.50, No.2, March 2001.
[3]- Steven J. Howard and Kaveh Pahlavan , "Measurement and analysis of the indoor radio channel in the frequency domain," IEEE Trans on Instrumentation and Measurement, vol.39, No.5 , October 1990.
[4] - Theodore S.Rappaport, "Wireless Communications : Principles and Practice," - 2002
[5]-Vallet Robert, "Etude des canaux de Rayleigh et des canaux sélectifs Diversité de Transmission," ENST - 2003.
[6]- P. F. M. Smulders and A.G. Wagemans, "Wideband indoor radio propagation measurement at 58GHz," Electronics Letters, Vol.28, No.13, June 1992.
[7]- Geir Løvnes, Judite João Reis and Rune Harald Rœkken, "Channel sounder measurements at 59 GHz in city streets," PIMRC'94.

[8]- Hiroyoshi Yamada, Manabu Ohmiya, Yasukata Ogawa and Kiyohiko Itoh, "Superrsolution Techniques for Time-Domain Measurement with a Network Analyzer," IEEE Trans on Antennas and Propagation, Vol .39, No.2, Feb 1991.
[9]- Takeshi Manabe, Kazumasa Taira, Toshio Ihara, Yoshinori Kasashima and Katsunori Yamaki, "Multipath measurement at 60 GHz for indoor wireless communication systems," IEEE 1994. pp 905-909.
[10]- R H Raehhe, H Langaas and S E Paulsen, "Wideband impulse measurements at 900 MHz and 1.7 GHz," GLOBECOM'91 .pp 1303-1307.
[11]- Zwick. T, Beukema. T. J, Nam. H, "Wideband Channel Sounder With Measurements and Model for the 60 GHz Indoor Radio Channel," IEEE Transactions on Vehicular Technology, Vol.54, Issue 4, July 2005, Page(s): 1266-1277.
[12]- Takeuchi. T, Mukai. H, "Ultra wide band channel sounding for indoor wireless propagation environments," Wireless Communication Technology, 2003. IEEE Topical Conference on 15-17, Oct.2003, Page(s): 246-247.
[13]- Charles. S. A, Ball. E. A, Whittaker. T. H, Pollard. J.K, "Channel sounder for 5.5 GHz wireless channels," Communications, IEE Proceedings- Vol. 150, Issue 4, 12 Aug. 2003 Page(s):253-258.
[14]- Kuroda. K, Sakaguchi. K, Takada. J. C, Araki. K, "FDM based MIMO spatio-temporal channel sounder," Wireless Personal Multimedia Communications, 2002. The 5th International Symposium on Vol. 2, 27-30 Oct. 2002 Page(s):559 - 562 vol.2.
[15]- Salous. S, Hinostroza. V, "Bi-dynamic indoor measurements with high resolution channel sounder," Wireless Personal Multimedia Communications, 2002. The 5th International Symposium on Vol.1, 27-30 Oct. 2002, Page(s): 262-266.
[16]- Yano. S. M, Ellingson. S. W, "Design and evaluation of a self-referencing UHF ultrawideband channel sounder," Antennas and Propagation Society International Symposium, 2001. IEEE Vol.4, 8-13 July 2001, Page(s): 588-591.
[17]- Wilson. P. F, Papazian. P. B, Cotton. M. G, Lo. Y, Bundy. S. C, "Simultaneous wide-band four-antenna wireless channel-sounding measurements at 1920 MHz in a suburban environment," Vehicular Technology, IEEE Transactions on Volume 50, Issue 1, Jan. 2001 Page(s):67-78.
[18] – Truffer. P, Leuthold. P. E, "Wide-band channel sounding at 24 GHz based on a novel fiber-optic synchronization concept," Microwave Theory and Techniques, IEEE Transactions on Volume 49, Issue 4, Part 1, April 2001, Page(s): 692-700.
[19]- Kalliola. K, Laitinen. H, Vaskelainen. L. I, Vainikainen. P, "Real-time 3-D spatial-temporal dual-polarized measurement of wideband radio channel at mobile station," Instrumentation and Measurement, IEEE Transactions on Volume 49, Issue 2, April 2000, Page(s):439-448.
[20]- Haese. S, Moullec. C, Coston. P, Sayegrih. K, "High-resolution spread spectrum channel sounder for wireless communications systems," Personal Wireless Communication, IEEE International Conference on 17-19 Feb.1999, Page(s): 170-173.
[21]- Takada. J. I, Sakaguchi. K, Suyama. S, Araki. K, Hirose. M, Miyake. M, "A superresolution spatio-temporal channel sounder for future microwave mobile

communication system development," Circuits and Systems, 1998. IEEE APCCAS 1998. The 1998 IEEE Asia-Pacific Conference on 24-27 Nov.1998, Page(s): 101-104.
[22]- Berger. G. L, Safer, "H Channel sounder for the tactical VHF-range," MILCOM 97 Proceedings, Volume 3, 2-5 Nov.1997, Page(s): 1474-1478.
[23]- Levnes. G, Paulsen. S. E, Raekken. R. H, "A millimetre wave channel sounder based on the chirp/correlation technique," High Bit Rate UHF/SHF Channel Sounders - Technology and Measurement, IEE Colloquium on 3 Dec 1993 Page(s):8/1 - 8/7.
[24]- Ronan Cosquer "Conception d'un sondeur de canal MIMO Caractérisation du canal de propagation d'un point de vue directionnel et doublement directionnel," Thèse de doctorat INSA de Rennes, Octobre 2004.
[25]- L. CLAVIER, M. RACHDI, M. FRYZIEL, Y. DELIGNON, V. LE THUC, C. GARNIER, P. A. ROLLAND, "Wide band 60GHz indoor channel: characterization and statistical modelling," IEEE 54th Vehicular Technology Conference, (VTC fall), vol.4, pp 2098-2102, 7-11 October, 2001.
[26]- S. Salous, P. Philippidis, I. Hawkins, "A Multi Channel Sounder Architecture for Spatial and MIMO Characterisation of the Mobile Radio Channel," MIMO: Communications Systems from Concept to Implementations, IEE Seminar on 12 Dec. 2001 Page(s):18/1 - 18/6.
[27]- J. Austin, W.P.A. Ditmar, W.K. Lam, E. Vilar, "A spread spectrum communications channel sounder," IEEE Trans. On Communications, Vol.45, No.7, Page(s): 840-847, July 1997.
[28]-P.A. Bello, "Characterisation of randomly time-variant linear channels," IEEE Trans. On Communication Systems, Vol CS-11, Page(s): 360-393, December 1963.
[29]- Michel CHUC, "Communication numérique- Filtre adapté," ENSEA 2000-2001.
[30]- J. C. Liberti and T. S. Rappaport, "Smart antennas for wireless communications: IS-95 and third generation CDMA application," New Jersey; Prentice Hall, Inc, 1999.
[31]- G.D. Burgin and T.S. Rappaport, "A basic relationship between multipath angular spread and narrowband Fading in wireless channel," IEE Electronic Letters, 1998.
[32]- Turin G.L et al, « A statistical Model Of Urban Multipath Propagation, » IEEE Trans. on Vehicular Technology, Feb.1972, VT-21, Page(s): 1-9.
[33]- T.Quiniou, "Conception et realisation de sondeurs spatio-temporels du canal à 1800 MHz- Mesures de propagation à intérieur et à l'extérieur des bâtiments," Ph.D. thesis, University of Rennes 1- France 2001
[34]- Matthias Pätzold, "Mobile Fading Channels," John Wiley et Sons, Ltd 2002.
[35]- H. Hashemi, "The Indoor Radio Propagation Channel," *Proc. of the IEEE*, vol. 81, no. 7, pp. 943-967, July 1993.
[36]-P. C. F. Eggers, "Angular-Temporal Domain Analogies of the short-term mobile radio propagation channel at the base station," PIMRC'96, Taipei, Taiwan, pp.742-746, October 1996.

[37]- D. C. COX, "Delay Doppler Characteristics of Multipath Propagation at 910 MHz in a Suburban Mobile Radio Environment," IEEE Trans on Antennas and Propagation, Vol .AP-20, No.5, Sept 1972.
[38]- Van Yem VU, A. Judson BRAGA, Bernard HUYART, Xavier BEGAUD, "Joint TOA/DOA measurements for spatio-temporal characteristics of 2.4 GHz indoor propagation channel," *Proc. IEEE European Conference on Wireless Technology (ECWT) 2005, Paris, France, October 03-05, 2005.*
[39]- RUSK channel sounder: http://www.channelsounder.de/hyefftools/help/hyeff.html

Chapitre 2

Corrélateur cinq-port en technologie micro ruban

Introduction

Le réflectomètre six-port permettant de mesurer le rapport complexe de deux ondes électromagnétiques a été développé par Engen [1] dans les années 1970 pour être utilisé comme analyseur de réseaux afin de mesurer des coefficients de réflexion. Depuis les années 1990, le six-port ou cinq-port a été ensuite utilisé dans d'autres types d'applications: discriminateur de fréquence pour radar anti-collision [2], démodulateur homodyne de signaux RF [3], [4] et [6], boucle de phase pour PLL [7], etc. Le système six-port ou cinq-port peut être réalisé soit en technologie micro ruban, soit en technologie coaxiale [8] soit en technologie MMIC [9].

Dans ce chapitre nous décrivons le cinq-port en technologie micro ruban. Tout d'abord, nous allons aborder la réalisation en technologie micro ruban du cinq-port fonctionnant à 2.4 GHz afin de l'inclure dans deux sondeurs de canal présentés dans les chapitres 3 et 4. Nous continuons ensuite par le principe de fonctionnement du cinq-port présenté dans [5] et [7] et nous examinons enfin le calibrage associé au réflectomètre.

II.1. Le cinq-port en technologie micro ruban

Le cinq-port, une simplification du six-port, en technologie micro ruban est composé :

+ D'un anneau d'interférométrie à cinq branches jouant le rôle d'un sommateur entre le signal RF (Radio Fréquence) a_2 connecté au port 2 et le signal d'OL (Oscillateur Local) a_1 connecté au port 1.
+ De trois détecteurs de puissance.

Nous présenterons l'anneau d'interférométrie à cinq accès et le détecteur de puissance plus en détail dans les parties II.1.2 et II.1.3. Tout d'abord nous allons montrer comment déterminer le rapport complexe entre les 2 ondes incidentes.

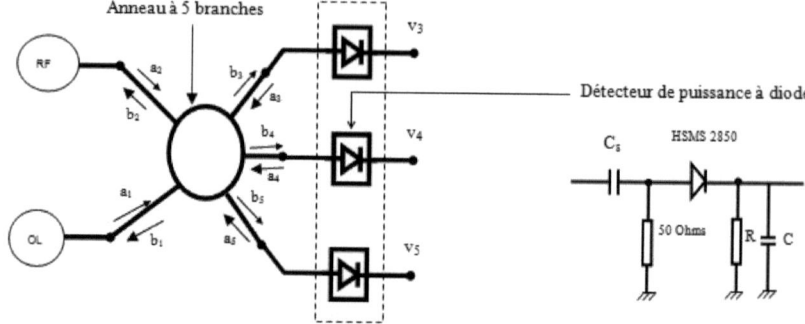

Figure 2.1 - Corrélateur cinq-port en technologie micro ruban

La matrice S du circuit d'interférométrie à 5 accès s'écrit:

$$b_i = \sum_{j=1}^{5} S_{ij} a_j \quad \text{avec} \quad i \in \{1,2,3,4,5\} \tag{2.1}$$

Où a_i et b_i sont les ondes de puissance entrantes et sortantes. Les coefficients de réflexion des 3 détecteurs de puissance sont définis comme suit:

$$\Gamma_i = \frac{a_i}{b_i} \quad \text{avec} \quad i \in \{3,4,5\} \tag{2.2}$$

En combinant les expressions de b_3, b_4 et b_5 dans l'équation (2.1) et les expressions de a_3, a_4 et a_5 dans (2.2), les 3 ondes sortantes b_i peuvent s'écrire:

$$b_i = A_i a_1 + B_i a_2 \quad \text{avec} \quad i \in \{3,4,5\} \tag{2.3}$$

Où A_i et B_i sont les paramètres complexes dépendant des paramètres S du circuit à 5 accès et de Γ_i. Après détection de puissance, les 3 tensions de sortie s'écrivent:

$$v_i = K_i |b_i|^2 \quad \text{avec} \quad i \in \{3,4,5\} \tag{2.4}$$

Le facteur K_i (>0) est relié à la sensibilité des détecteurs de puissance.

Nous obtenons l'expression des 3 tensions de sortie du cinq-port en fonction des 2 ondes entrantes:

$$v_i = K_i |A_i a_1 + B_i a_2|^2 \quad \text{avec} \quad i \in \{3,4,5\} \tag{2.5}$$

Dans notre application, le cinq-port joue le rôle d'un démodulateur direct des signaux RF, les ports 1 et 2 du cinq-port sont respectivement connectés à l'oscillateur local et à l'antenne en réception.

Les expressions du signal d'OL et du signal RF sont les suivantes:

$$a_1 = A_{OL} e^{j2\pi f_{OL} t} \qquad (2.6)$$

$$a_2 = A_{RF} env(t) e^{j2\pi f_{RF} t} \qquad (2.7)$$

Le terme *env(t)* désigne l'enveloppe complexe définie dans l'annexe 1 avec lequel nous pouvons déterminer l'amplitude et la phase du signal. Le cinq-port a pour but de régénérer l'enveloppe complexe en déterminant le rapport complexe entre les deux ondes entrantes a_1 et a_2.

En supposant que $f_{RF} = f_{OL}$, les expressions des 3 tensions de sortie définies par (2.5) deviennent pour $i \in \{3,4,5\}$:

$$v_i = K_i |A_i A_{OL} + B_i A_{RF} env(t)|^2 \qquad (2.8)$$

En posant :

$$w = B_3 A_{RF} env(t) \qquad (2.9)$$

Les 3 équations définies par (2.8) deviennent :

$$\begin{cases} v_3 \left(\dfrac{1}{K_i} \right) = |w - q_3|^2 \\ v_4 \left(\dfrac{1}{K_i} \left| \dfrac{B_3}{B_4} \right|^2 \right) = |w - q_4|^2 \\ v_5 \left(\dfrac{1}{K_i} \left| \dfrac{B_3}{B_5} \right|^2 \right) = |w - q_5|^2 \end{cases} \qquad (2.10)$$

Avec $q_3 = -A_3 A_{OL}$ $\quad q_4 = -\dfrac{A_4 B_3 A_{OL}}{B_4}$ et $\quad q_5 = -\dfrac{A_5 B_3 A_{OL}}{B_5}$

Le groupe d'équations (2.10) nous montre que l'intersection de 3 cercles de centres q_3, q_4 et q_5, et de rayons respectifs $v_3(1/K_i)$ $v_4(|B_3|^2/K_i|B_4|^2)$ et $v_5(|B_3|^2/K_i|B_5|^2)$ détermine le nombre complexe w. Ceci s'illustre par la figure suivante:

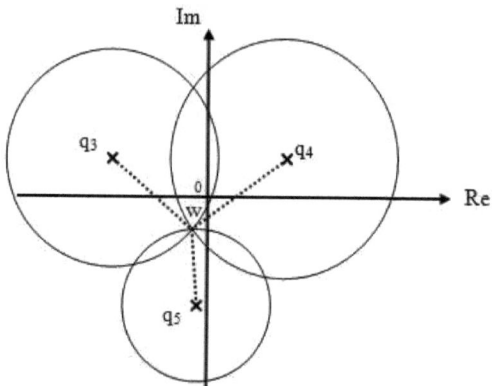

Figure 2. 2 - Détermination de w

Précisément, si nous connaissons les trois points complexes q_i, qui sont obtenus par une procédure de calibrage [9], et les trois tensions de sortie mesurées, nous pouvons déterminer w et ainsi l'enveloppe complexe par la relation (2.9).
Les modules et phases optimaux pour obtenir une estimation correcte de w sont donnés par [10] :

$$|q_3| = |q_4| = |q_5| \qquad (2.11)$$

$$arg\left(\frac{q_5}{q_3}\right) = 120° \quad \text{et} \quad arg\left(\frac{q_4}{q_3}\right) = -120° \qquad (2.12)$$

Pour présenter la réalisation du cinq-port en technologie micro ruban, nous allons maintenant décrire précisément l'anneau d'interférométrie et les détecteurs de puissances.

II.1.1. Anneau d'interférométrie à cinq branches

Le circuit d'interférométrie Radio Fréquence que nous avons choisi d'utiliser est un anneau circulaire à 5 accès équi-répartis, représenté dans la figure 2.3. Ce circuit réalise 3 additions vectorielles des 2 signaux entrants: le signal de l'oscillateur local et le signal RF reçu par l'antenne. L'anneau à 5 branches est réciproque et symétrique. La matrice S de ce circuit est donc définie comme ci-dessous :

+ $S_{ij} = S_{ji} \quad \forall i, j \in \{1,2,3,4,5\}$ (Propriété réciproque)

+ $S_{ii} = R \quad \forall i \in \{1,2,3,4,5\}$ (Propriété symétrique)

$$S_{12} = S_{15} = S_{23} = S_{34} = S_{45} = \alpha$$
$$S_{13} = S_{14} = S_{24} = S_{25} = S_{35} = \beta$$

En utilisant ces propriétés, la matrice S est de la forme:

$$S = \begin{pmatrix} R & \alpha & \beta & \beta & \alpha \\ \alpha & R & \alpha & \beta & \beta \\ \beta & \alpha & R & \alpha & \beta \\ \beta & \beta & \alpha & R & \alpha \\ \alpha & \beta & \beta & \alpha & R \end{pmatrix} \qquad (2.13)$$

Les relations entre les valeurs propres S_1, S_2, S_3 de la matrice S et les trois paramètres indépendants (R, α et β), en utilisant les propriétés de symétrie et de rotation de l'anneau à 5 branches sont données, en se basant sur la référence [11]:

$$S_{11} = R = (S_1 + 2S_2 + 2S_3)/5 \qquad (2.14)$$
$$S_{12} = \alpha = (S_1 + 2S_2 \cos(2\pi/5) + 2S_3 \cos(4\pi/5))/5 \qquad (2.15)$$
$$S_{13} = \beta = (S_1 + 2S_2 \cos(4\pi/5) + 2S_3 \cos(2\pi/5))/5 \qquad (2.16)$$

D'après les équations (2.14) (2.15) et (2.16), il n'y a que 3 valeurs propres indépendantes de S. Les valeurs propres S_2 et S_3 sont 2 fois dégénérées. En supposant le circuit à cinq accès sans perte, il est montré dans [11] que les modules des valeurs propres deviennent alors:

$$|S_1| = |S_2| = |S_3| = 1 \qquad (2.17)$$

Ainsi, en posant arbitrairement la phase de S_1 à 180°, nous avons:

$$S_1 = -1 \quad S_2 = e^{j\psi_2} \quad S_3 = e^{j\psi_3} \qquad (2.18)$$

En considérant le système adapté ($R=0$), et en utilisant l'équation (2.18), la relation (2.14) devient :

$$0 = -1 + 2e^{j\psi_2} + 2e^{j\psi_3} \qquad (2.19)$$

Cette égalité est vérifiée si et seulement si:

$$\psi_2 = -\psi_3 = \psi = \arccos(1/4) \cong 75.5° \qquad (2.20)$$

Avec les relations (2.17) et (2.20), nous connaissons les expressions des 3 valeurs propres de S, il suffit de les remplacer dans (2.15) et (2.16), pour obtenir les expressions des paramètres α et β :

$$\alpha = \frac{1}{2} e^{j\frac{2\pi}{3}} \quad \text{et} \quad \beta = \frac{1}{2} e^{-j\frac{2\pi}{3}} \qquad (2.21)$$

Ainsi, l'anneau à 5 branches adapté fonctionne comme un diviseur de puissance, fractionnant la puissance reçue en entrée et distribuant des puissances égales à chacune des quatre autres voies avec des déphasages de +/-120°. Hansson et Riblet [12] ont montré que les propriétés d'un anneau à 5 accès adapté (équation (2.21)) permettent de réaliser un cinq-port avec des points q_i vérifiant les conditions décrites par les équations (2.11) et (2.12). Nous allons maintenant définir les règles de conception afin d'avoir un anneau à 5 branches adapté. La figure 2.3 définit les différentes dimensions caractérisant une jonction à 5 accès réalisée en technologie micro ruban:

Les 5 lignes d'accès ont pour impédance caractéristique $Z_0 = 50\ ohms$, permettant de déterminer la largeur des lignes d'accès en fonction du substrat utilisé. Les 2 relations suivantes nous permettent de déterminer les dimensions de l'anneau [12]:

$$\theta = \frac{2\pi L}{\lambda} = \arccos\left(\frac{1}{4}\right) \cong 75.5° \qquad (2.22)$$

$$Z = \frac{\sqrt{3}}{2\sin(\theta)} Z_0 = \frac{2}{\sqrt{5}} Z_0 \cong 44.7\Omega \qquad (2.23)$$

λ représente la longueur effective d'onde dans le substrat à la fréquence utilisée.

L est la longueur de la ligne à partir de laquelle le rayon R_a de l'anneau est calculé:

$$R_a = 5L/\pi$$

La connaissance de l'impédance caractéristique Z de l'anneau permet de déterminer la largeur de ligne correspondante en fonction du substrat utilisé. La largeur et le rayon de l'anneau sont optimisés avec le logiciel ADS (Advanced Design System) pour un système cinq-port fonctionnant autour de 2.4 GHz. En effet, nous réalisons l'optimisation en minimisant le coefficient de réflexion aux 5 accès de l'anneau pour la fréquence 2.4 GHz. L'anneau est réalisé en utilisant le substrat de type FR4 avec les caractéristiques suivantes:

+ Matériau du diélectrique: époxy
+ Epaisseur du diélectrique: $h = 1.59\ mm$
+ Permittivité: $\varepsilon_r = 4.1$
+ Pertes diélectriques: $tan(\delta)=0.02$
+ Conducteur : double face cuivrée avec épaisseur du cuivre $e=35\ \mu m$

Nous obtenons les dimensions suivantes:

+ Largeur des lignes d'accès 50 ohms: *3.16 mm*
+ Largeur de l'anneau: *3.6 mm*
+ Rayon de l'anneau: *10.2 mm*

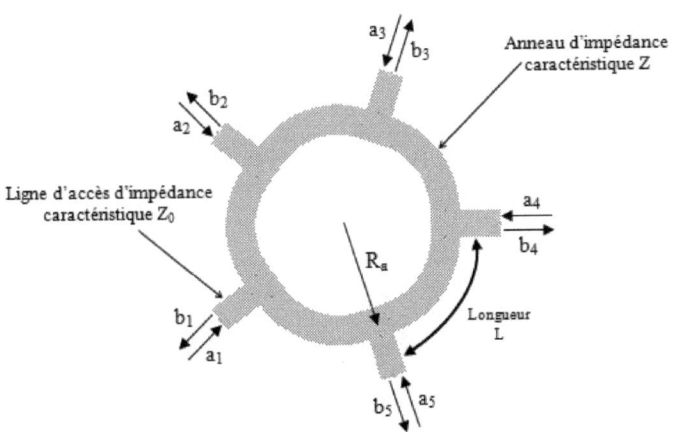

Figure 2. 3 - Anneau à 5 accès

La figure 2.4 présente les résultats de simulation des modules des coefficients de réflexion à l'entrée 1 et 2. Nous voyons que le système est correctement adapté (S_{11} < *-10dB*) sur une bande de 1 GHz autour de 2.4 GHz.

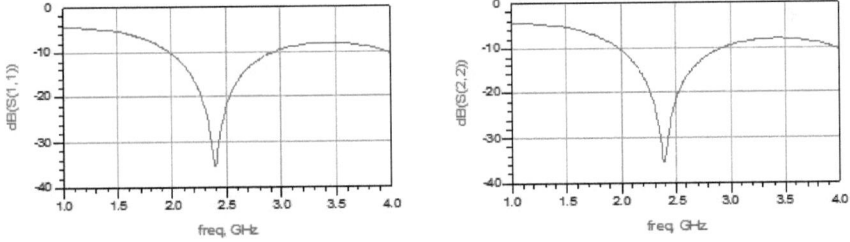

Figure 2. 4 - Coefficients de réflexion S_{11}, S_{22} aux entrées de l'anneau à 5 branches

Les modules de S_{12}, S_{13} et la différence de phase entre les arguments de S_{12} et S_{13} en fonction de la fréquence sont présentés dans la figure 2.5. Nous voyons que les modules de S_{ij} *(i≠j)* sont environ égaux à 0.5 et la différence de phase entre les arguments de S_{12} et S_{13} est d'environ 120° autour de 2.4 GHz, confirmant la relation 2.21.

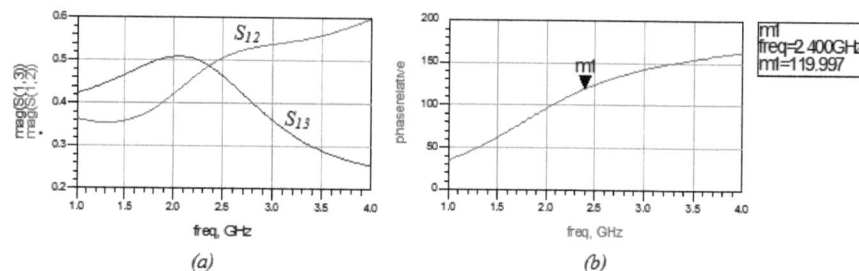

(a) *(b)*

Figure 2. 5 - Modules de S_{12}, S_{13} (a) et la différence de phase entre les argument de S_{12} et S_{13} en fonction de la fréquence (b)

Ainsi, l'anneau à 5 branches adapté fonctionne comme un diviseur de puissance, fractionnant la puissance reçue en entrée et distribuant des puissances égales à chacune des quatre autres voies avec des déphasages de *+/-120°*. Après avoir décrit l'anneau à 5 accès, nous allons maintenant détailler les détecteurs de puissance utilisés dans le cinq-port.

II.1.2. Détecteurs de puissance

II.1.2.1. Détecteur de puissance à diode Schottky

Le détecteur de puissance à diode Schottky est composé d'une diode Schottky et d'un filtre passe-bas RC permettant de rejeter les composantes HF, et de garder les signaux BF (Basse Fréquence) utiles. Le schéma du détecteur est présenté dans la figure 2.6.

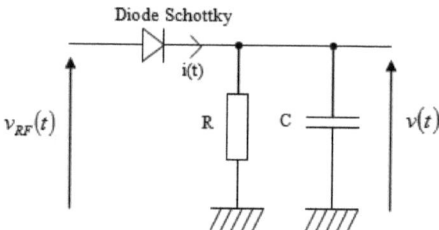

Figure 2. 6 - Détecteur de puissance à diode Schottky

Nous utilisons une diode Schottky HSMS2850 d'Agilent dont le module du coefficient de réflexion de la diode autour de 2.4 GHz est d'environ 0.6 [16]. Il est donc nécessaire d'adapter en entrée le détecteur.

II.1.2.1.1. Adaptation du détecteur

Nous avons réalisé l'adaptation en entrée de la diode par la résistance de 50 ohms. Cette technique d'adaptation résistive n'est pas optimale car une importante partie de l'énergie du signal RF incident y est dissipée. Cependant, avec une application qui demande une bande passante large comme dans notre cas cette méthode d'adaptation est acceptée. La figure 2.8 présente les résultats de simulation des coefficients de réflexion en entrée du détecteur dans les deux cas, avec et sans résistance. Nous voyons que dans le cas sans résistance, le coefficient de réflexion est aussi relié à l'adaptation capacitive due à la ligne micro ruban. Nous constatons qu'avec la résistance, la diode est bien adaptée. Une technique d'adaptation réactive permettant d'obtenir une meilleure sensibilité est proposée [17]. Néanmoins, elle n'est pas suffisamment convenable à une application large bande.

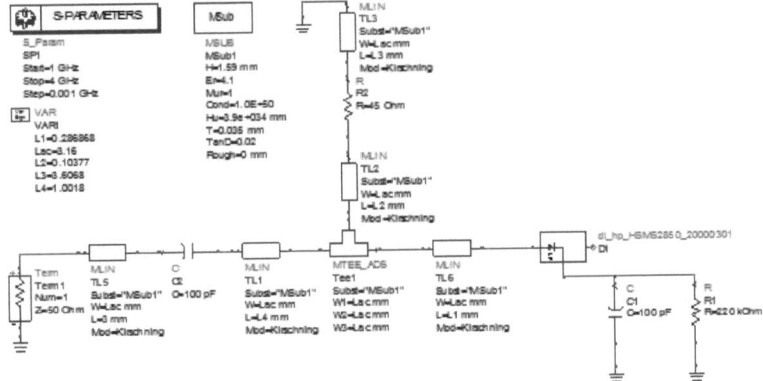

Figure 2. 7 - Adaptation en entrée du détecteur

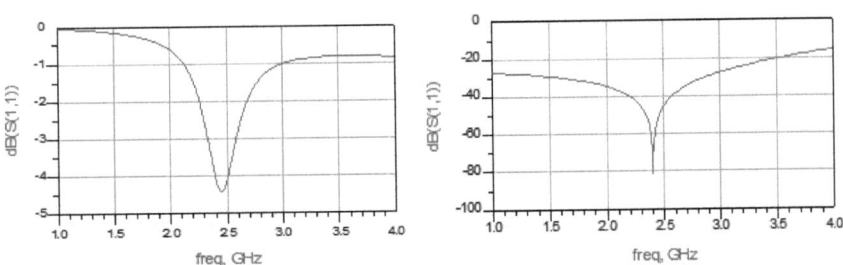

Figure 2. 8 - Coefficients de réflexion en entrée du détecteur sans la résistance (gauche) et en présence de la résistance (droite)

II.1.2.1.2. Stubs papillon

Les stubs papillon ont pour but d'éliminer les signaux résiduels à 2.4 GHz se trouvant dans la partie BF (Basse Fréquence), c'est à dire le filtre RC, du détecteur de puissance. Ces stubs ayant un circuit ouvert à leur extrémités, ont des longueurs de $\lambda_{eff}/4$ pour ramener un court-circuit sur la ligne micro ruban à la fréquence 2.4 GHz. λ_{eff} est la longueur d'onde effective :

$$\lambda_{eff} = \lambda_0 / \sqrt{\varepsilon_{eff}}$$

Avec: λ_0 est la longueur d'onde dans l'air

ε_{eff} est la permittivité électrique relative effective: $1 < \varepsilon_{eff} < \varepsilon_r$ où ε_r est la permittivité du substrat. La largeur du stub est théoriquement calculée en utilisant la valeur de ε_{eff} égale à ε_r. Elle est ensuite optimisée avec logiciel ADS. Sa longueur finale obtenue est donc 15.1 mm.

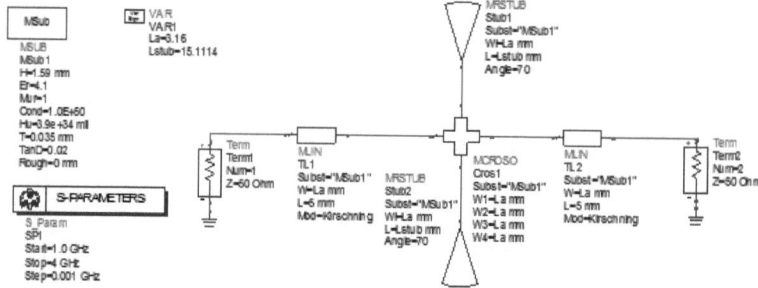

Figure 2. 9 - Simulation des stubs papillon avec le logiciel ADS

La figure 2.10 présente le taux de réjection de ces stubs à 2.4 GHz. Nous constatons que le signal RF est bien éliminé après ces stubs. Pour une application large bande, sensible aux harmoniques, il est indispensable d'utiliser plusieurs stubs dimensionnés pour plusieurs fréquences différentes dans la bande choisie.

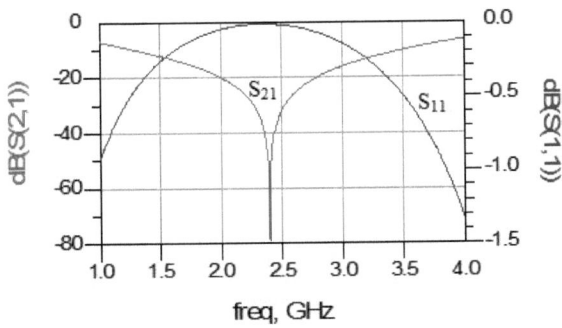

Figure 2. 10 - Réjection du stub papillon

Le détecteur de puissance à diode Schottky est donc présenté comme le suivant:

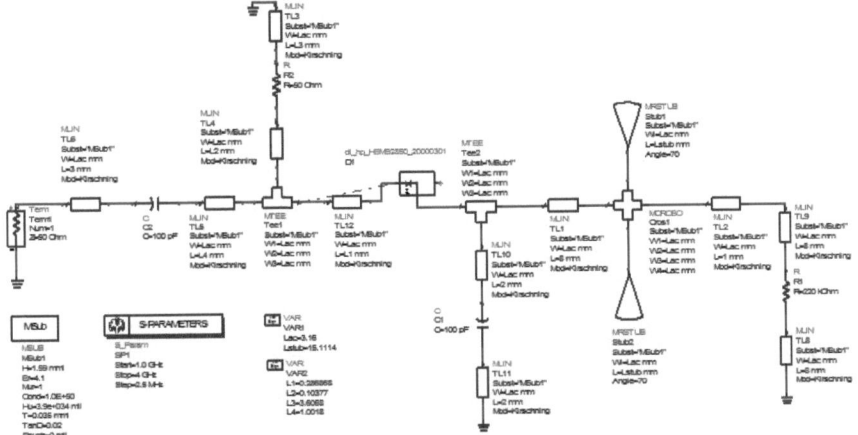

Figure 2. 11 - Détecteur de puissance à diode Schottky avec les stubs papillon
(Simulation avec le logiciel ADS)

Dans ce schéma, la capacité d'entrée Cs de 100 pF permet de bloquer toute composante continue parasite. Nous allons détailler le principe de fonctionnement de ce détecteur de puissance à diode Schottky.

II.1.2.2. Principe de fonctionnement du détecteur de puissance à diode Schottky

Le schéma de ce détecteur de puissance est présenté dans la figure 2.6. Nous allons montrer que ce détecteur de puissance permet de mesurer la puissance d'un signal RF. Supposons que la tension RF d'entrée de la diode est $v_{RF}(t)$, le courant $i(t)$

parcourant la diode en négligeant la résistance série parasite de la diode est donné par :

$$i(t) = I_S \left(\exp\left(\frac{q}{\eta kT} v_{RF}(t) \right) - 1 \right) \quad (2.24)$$

Où I_S représente le courant de saturation de la diode qui est égal à 3µA pour la diode HSMS2850 ; k est la constante de Boltzmann ; q est la charge de l'électron ; T est la température (K) ; η est le coefficient d'idéalité (η =1.05).

Si le signal d'entrée $v_{RF}(t)$ est de faible puissance, i(t) dans l'équation (2.24) est approximé en utilisant le développement limité de la fonction exponentielle :

$$i(t) = I_S \frac{q}{\eta kT} v_{RF}(t) + \frac{I_S}{2} \left(\frac{q}{\eta kT} \right)^2 v^2_{RF}(t) + \ldots \quad (2.25)$$

Le circuit équivalent de sortie du détecteur à diode montré dans la figure 2.6 peut être modélisé comme ceci [18] [19] :

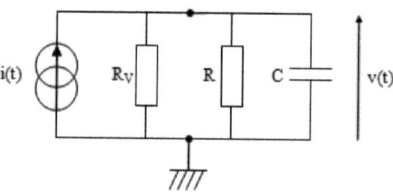

Figure 2. 12 - Schéma équivalent de sortie du détecteur à diode

Où R_V est la résistance vidéo de la diode dont la valeur est d'environ 9 kΩ, correspondant à la résistance dynamique de la diode [16][19]. Les résistances R_V et R avec le condensateur C forment un filtre passe-bas du premier ordre de fréquence de coupure f_c :

$$f_c = \frac{R_V + R}{2\pi R_V RC} \quad (2.26)$$

Dans notre application, la bande passante du signal à la sortie du filtre est très faible comme présenté dans le chapitre précédent. C'est la raison pour laquelle nous choisissons une fréquence de coupure assez basse. La tension de sortie *v(t)* sera donc proportionnelle aux composantes basse fréquence ou bande de base du courant *i(t)*, c'est-à-dire en premier approximation au terme quadratique de l'équation (2.25).

Supposons que la tension $v_{RF}(t)$ soit :

$$v_{RF}(t) = A\cos(2\pi f_{RF} t) \qquad (2.27)$$

Nous obtenons donc:
$$i(t) = \frac{I_S}{2}\left(\frac{q}{\eta kT}\right)^2 (A\cos(2\pi f_{RF} t))^2 \qquad (2.28)$$

Après filtrage passe-bas, la tension de sortie mesurée sera:

$$v(t) = \left(\frac{q}{2\sqrt{2}\eta kT}\right)^2 A^2 \frac{R.R_V}{R+R_V} I_S = \alpha P_{RF} \qquad (2.29)$$

Nous voyons que la tension de sortie est proportionnelle à la puissance du signal RF. Le facteur α représente la sensibilité du détecteur exprimé en *Volt/Watt*. Ce dispositif à diode réalise ainsi une détection de puissance. Ce mode de fonctionnement est valable pour de faibles puissances. La représentation de la tension de sortie d'un détecteur à diode Schottky en fonction de la puissance RF injectée en entrée est la suivante:

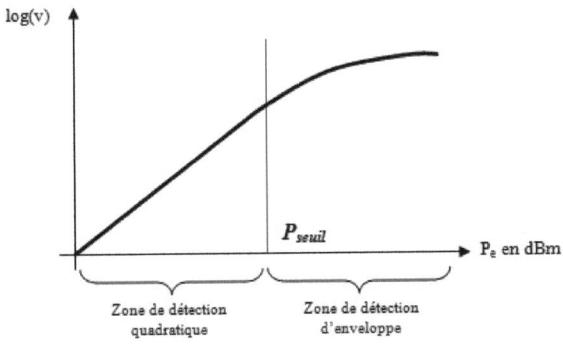

Figure 2. 13 - Caractéristique d'un détecteur à diode Schottky

Nous voyons qu'il existe 2 modes de fonctionnement:

+ Cas $P_e < P_{seuil}$: la puissance d'entrée étant faible, la diode réalise une détection quadratique et permet de mesurer la puissance du signal RF d'entrée (équation (2.29)).
+ Cas $P_e > P_{seuil}$: la puissance étant plus élevée, les approximations faites précédemment ne sont plus valables, la diode fonctionne en commutation, le dispositif réalise une détection d'enveloppe classique. La tension de sortie est alors proportionnelle à l'amplitude du signal RF d'entrée.
Nous devons donc réaliser une correction de la tension de sortie dans le but d'augmenter la dynamique de mesure de puissance, ce qui sera présenté ultérieurement.

II.1.2.3. Principe de linéarisation d'un détecteur de puissance

Nous allons d'abord considérer la linéarisation d'un détecteur de puissance. Afin de corriger la tension mesurée v_{mes} de sortie d'un détecteur de puissance, il faut connaître le modèle non linéaire du détecteur. Plusieurs modèles ont été proposés [20],[21],[22]. Dans l'article [20], Potter a proposé une fonction non linéaire définie par:

$$v_{corr} = v_{mes} \cdot e^{f(v_{mes})} \quad \text{avec} \quad f(v_{mes}) = \sum_{k=1}^{M} b_k v^k_{mes} \qquad (2.30)$$

Un autre modèle a été aussi proposé:

$$v_{corr} = v_{mes} \cdot 10^{f(v_{mes})} \quad \text{avec} \quad f(v_{mes}) = \sum_{k=1}^{M} b_k v^k_{mes} \qquad (2.31)$$

Dans l'article [21], Cletus Hoer a proposé un modèle comme suit:

$$v_{corr} = v_{mes}^{f(v_{mes})} \quad \text{avec} \quad f(v_{mes}) = 1 + \sum_{k=1}^{M} b_k v^k_{mes} \qquad (2.32)$$

Le modèle non linéaire du détecteur proposé dans l'article [22] est:

$$v_{corr} = v_{mes} \cdot 10^{f(v_{mes})} \quad \text{avec} \quad f(v_{mes}) = \frac{1}{10} \sum_{k=1}^{M} b_k \ln\left(\frac{v_{mes}}{q} + 1\right)^k \qquad (2.33)$$

Nous allons utiliser la fonction non linéaire proposée dans [20] définie par l'équation (2.30) pour obtenir la tension corrigée v_{corr} ; ce modèle s'approche beaucoup de la loi décrivant la relation entre la tension et le courant d'une diode. Cette fonction est entièrement décrite par les coefficients du polynôme $f(.)$ de degré M. Il faut ainsi définir un procédé expérimental pour déterminer ces coefficients à partir de mesures réalisées sur le détecteur de puissance. Nous présentons le montage expérimental suivant:

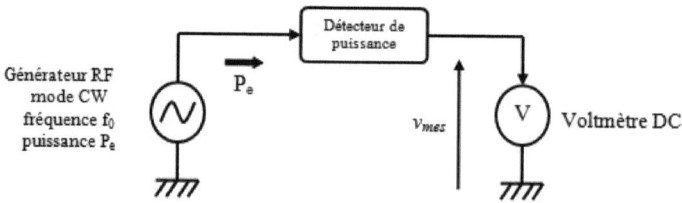

Figure 2. 14 - Linéarisation du détecteur de puissance

Dans ce montage, le générateur RF délivre un signal CW de puissance P_e à la fréquence f_o. Le détecteur de puissance voit à son entrée ce signal et un voltmètre mesure la tension à la sortie du détecteur v_{mes}. Lorsque la valeur de P_e est dans la dynamique de mesure, la tension corrigée v_{corr} est proportionnelle à P_e ; A fin de réaliser la correction de v_{mes}, il faut déterminer les coefficients du polynôme $f(.)$. Nous réalisons N incrémentations à pas constant ΔP (en dB) de la puissance P_e (en dBm) délivrée par le générateur en décrivant toute la dynamique de mesure. La constance du pas est utile pour trouver les caractéristiques non linéaires du détecteur. Le schéma suivant représente les mesures effectuées:

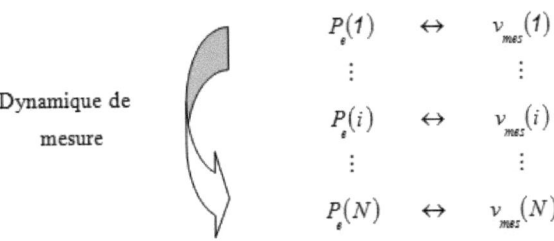

Figure 2. 15 - Mesures de v_{mes} en fonction de P_e

Pour chaque pas de puissance, nous devons avoir la proportionnalité entre la tension corrigée v_{corr} et la puissance incidente P_e en watt:

$$v_{corr}(i) = v_{mes}(i) e^{f(v_{mes}(i))} = \alpha . P_{e(W)}(i) \quad (2.34)$$

L'incrémentation de puissance en dBm étant constante, nous avons pour 2 mesures successives:

$$\Delta P = P_{e(dBm)}(i+1) - P_{e(dBm)}(i) = 10.\log(P_{e(W)}(i+1)) - 10.\log(P_{e(W)}(i)) \quad (2.35)$$

En développant l'équation (2.35) nous avons donc:

$$Q = \Delta P . \frac{\ln 10}{10} = \ln(P_{e(W)}(i+1)) - \ln(P_{e(W)}(i)) \quad (2.36)$$

En utilisant l'équation (2.34) exprimant la puissance en Watt en fonction de la tension corrigée et en remplaçant dans (2.36), nous obtenons:

$$Q = \ln(v_{corr}(i+1)) - \ln(v_{corr}(i)) \quad (2.37)$$

En combinant l'équation (2.30) avec l'équation (2.37), nous obtenons les *N-1* équations vérifiées par v_{mes} pour $i \in \{1,..., N-1\}$:

$$\sum_{k=1}^{M} b_k \left(v_{mes}^k (i+1) - v_{mes}^k (i) \right) - Q = \ln\left(\frac{v_{mes}(i)}{v_{mes}(i+1)} \right) \qquad (2.38)$$

Nous observons clairement que c'est un système de N-1 équations avec M+1 inconnues qui sont les M coefficients b_k. N est le nombre de points mesurés qui est normalement égal ou supérieur à M+2. Le système, s'écrivant sous forme matricielle comme (2.39), est donc correctement dimensionné et peut être résolu.

$$\begin{pmatrix} A_{1,1} & \cdots & A_{1,M} & -1 \\ \vdots & \ddots & \vdots & \vdots \\ A_{N-1,1} & \cdots & A_{N-1,M} & -1 \end{pmatrix} \begin{pmatrix} b_1 \\ \vdots \\ b_M \\ Q \end{pmatrix} = \begin{pmatrix} \ln\left(\frac{v_{mes}(1)}{v_{mes}(2)}\right) \\ \vdots \\ \ln\left(\frac{v_{mes}(N-1)}{v_{mes}(N)}\right) \end{pmatrix} \qquad (2.39)$$

avec $A_{i,j} = v_{mes}^j (i+1) - v_{mes}^j (i)$

Les coefficients b_k sont obtenus par inversion matricielle si $N=M+2$, ou bien en utilisant la technique des moindres carrés (*LMS: Least Mean Square*) si $N>M+2$. L'avantage de cette méthode est qu'elle permet de calculer un modèle de correction sans connaître à priori la puissance injectée, la valeur du ΔP et la sensibilité du détecteur. Cependant, nous voyons clairement dans l'équation (2.35) que cette méthode demande la constance du pas d'incrémentation sur toute la dynamique de mesure de puissance ainsi qu'un grand nombre de points mesurés. Nous appliquerons maintenant cette méthode pour la linéarisation des 3 détecteurs de puissance du cinq-port.

II.1.2.4. Correction de puissance dans le système cinq-port

La figure 2.16 présente le montage pour réaliser la linéarisation des détecteurs de puissance du cinq-port.

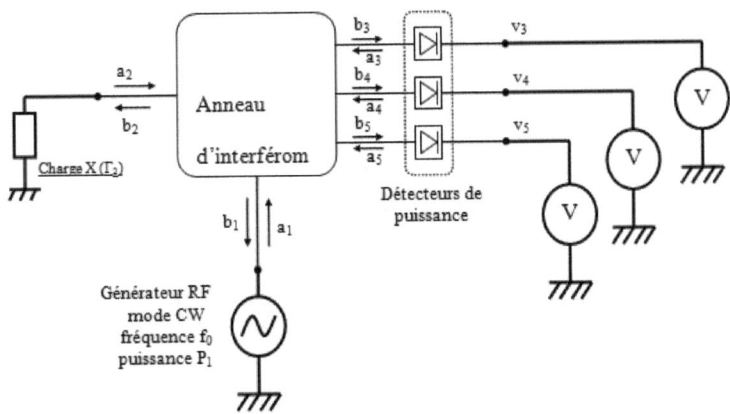

Figure 2. 16 - Linéarisation des 3 détecteurs de puissance du cinq-port

Dans ce montage, l'accès 1 du cinq-port est connecté à un générateur RF qui génère un signal CW de puissance P_1 à la fréquence f_o. Trois voltmètres DC mesurent les 3 tensions de sortie. Le port 2 du cinq-port est connecté à une charge passive de coefficient de réflexion Γ_2 :

$$\Gamma_2 = a_2/b_2 \qquad (2.40)$$

A partir des équations (2.1) (2.2) et (2.40), il est possible de montrer que les ondes b_2, b_3, b_4 et b_5 sont proportionnelles à l'onde incidente a_1. Ainsi les puissances incidentes aux 3 détecteurs de puissance: P_3, P_4 et P_5, sont proportionnelles à P_1. La méthode présentée dans la partie II.1.2.3 pourra être utilisée pour déterminer les 3 modèles de correction des 3 détecteurs de puissance. Nous réalisons N points de mesure en faisant varier la puissance P_1 à pas constant, conduisant aux mesures suivantes:

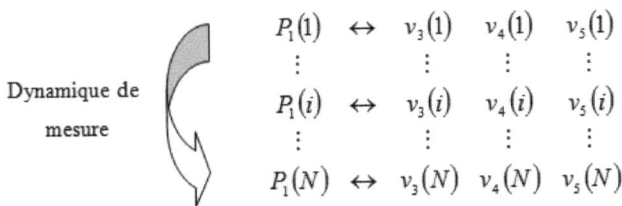

Figure 2. 17 - Mesures de v_3 v_4 et v_5 en fonction de P_1

En résolvant les 3 systèmes matriciels décrits par (2.39), nous obtiendrons les 3 modèles de correction et nous pourrons linéariser indépendamment les trois détecteurs de puissance du cinq-port. Pour valider cette méthode, nous avons réalisé le montage expérimental suivant:

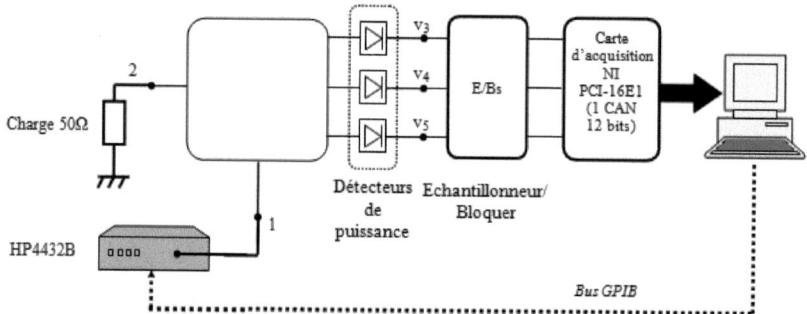

Figure 2. 18 - Montage expérimental pour la linéarisation des détecteurs de puissances

Le port 2 du cinq-port est connecté à une charge 50 ohms afin d'équilibrer les 3 tensions de sortie. L'accès 1 du cinq-port est connecté à un générateur RF HP4432B qui délivre un signal CW de fréquence 2.4 GHz. Les 3 tensions de sortie du cinq-port sont bloquées par trois E/Bs utilisés pour bloquer les signaux en même temps avant d'être numérisés par une carte d'acquisition commandée par un PC. A l'aide du bus GPIB, le PC contrôle le générateur en faisant varier la puissance de –30 dBm à 9 dBm avec un pas d'incrémentation de 1 dB. Les fichiers d'acquisition sont traités par un script MATLAB qui détermine les 3 modèles de correction. Nous présentons ici un modèle de correction correspondant au détecteur 3:

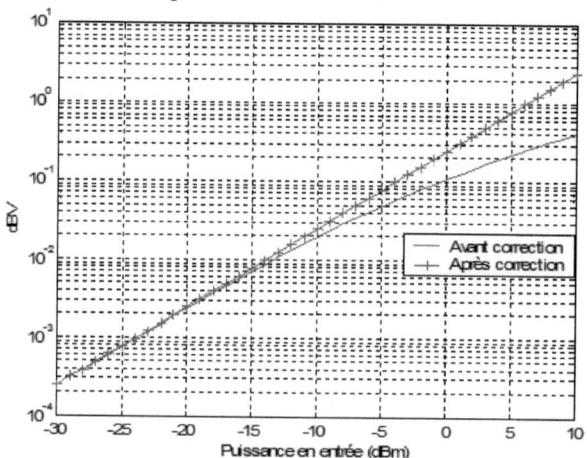

Figure 2. 19 - Tension v_3 avant et après correction

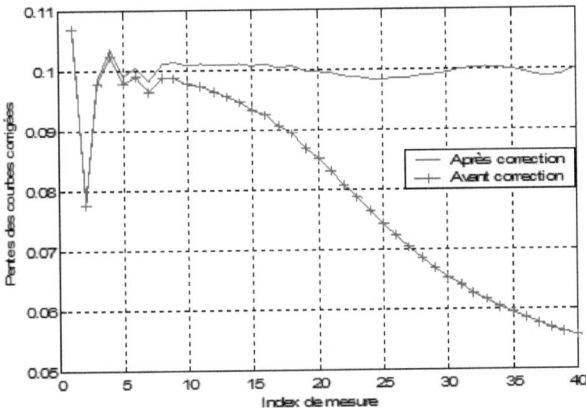

Figure 2. 20 - Pentes des tensions (avant et après correction) en fonction de l'indice de mesure représentant la dynamique de puissance de –30 à 9 dBm

Après optimisation, l'ordre des polynômes des modèles de correction a été choisi égal à 4. La figure 2.19 nous montre la proportionnalité entre P_1 et la tension de sortie v_3 après correction. Nous observons clairement que le détecteur de puissance a été linéarisé. La figure 2.20 nous montre que la pente de cette tension est constante après correction, assurant ainsi une bonne linéarité. Les résultats obtenus sont satisfaisants et nous montrent la validité de la méthode.

La dynamique de puissance de -30 dBm à 9 dBm a été choisie pour les raisons suivantes: les diodes saturent au-dessus de 9 dBm et en dessous de –30 dBm le bruit du système devient prépondérant et la mesure imprécise. Nous voyons aussi dans la figure 2.19 que pour les puissances comprises entre –30 dBm et –15 dBm, les détecteurs réalisent sans correction une détection quadratique, ceci nous permet de vérifier que le modèle de correction définit bien une détection quadratique pour les faibles puissances.

II.1.3. Réalisation du circuit cinq-port

Dans la partie II.1.2, nous avons présenté les différentes parties constituant un cinq-port et les méthodes de conception. Nous allons maintenant décrire la réalisation du circuit. La figure 2.21 représente le masque du corrélateur cinq-port en technologie micro ruban réalisé avec le logiciel ADS:

Figure 2. 21 - Circuit imprimé du cinq-port avec ADS

Nous retrouvons l'anneau à 5 branches et les 3 détecteurs de puissance. Nous avons pris une résistance $R = 220K\Omega$ et une capacité $C=100pF$ pour les 3 filtres RC inclus dans les détecteurs de puissance, donnant une fréquence de coupure égale à 155 KHz (équation 2.26). Nous pouvons remarquer la présence de stubs papillon au sein des détecteurs de puissance. Ces stubs en circuit ouvert de longueur $\lambda/4$ placés à la sortie des détecteurs, réalisent un court-circuit pour la composante RF à 2.4 GHz. Ils assurent ainsi avec les filtres passe-bas RC une réjection efficace de la composante RF en sortie des détecteurs. La figure suivante montre une photo du circuit réalisé:

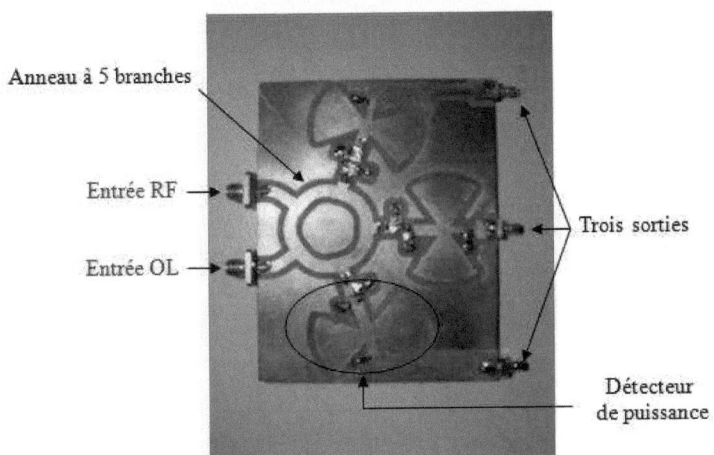

Figure 2. 22 - Photo d'un cinq-port en technologie micro ruban fonctionnant à 2.4 GHz

Ce circuit peut être inscrit dans un rectangle de longueur 10 cm et de largeur 8 cm. Le substrat est de type FR4 comme défini précédemment. Nous avons mesuré à l'aide d'un analyseur de réseaux, le paramètre S_{11} du circuit cinq-port réalisé et nous avons obtenu la courbe suivante:

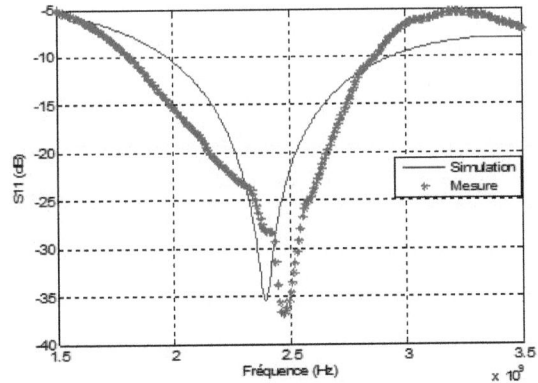

Figure 2. 23 - Coefficient de réflexion à l'entrée 1 du cinq-port

La figure 2.23 nous montre que le cinq-port est bien adapté ($S_{11}<-10dB$) sur une bande d'environ 1 GHz autour de 2.4 GHz. Nous avons vu que dans les résultats de mesure de S_{11}, la fréquence est légèrement décalée à cause de la valeur de la permittivité de l'époxy.

Après avoir présenté le circuit, nous exploitons les trois tensions de sortie du cinq-port jouant le rôle d'un démodulateur direct des signaux RF.

II.2. Expressions des signaux en bande de base

Le schéma suivant illustre le principe d'un récepteur réalisé à l'aide d'un système cinq-port :

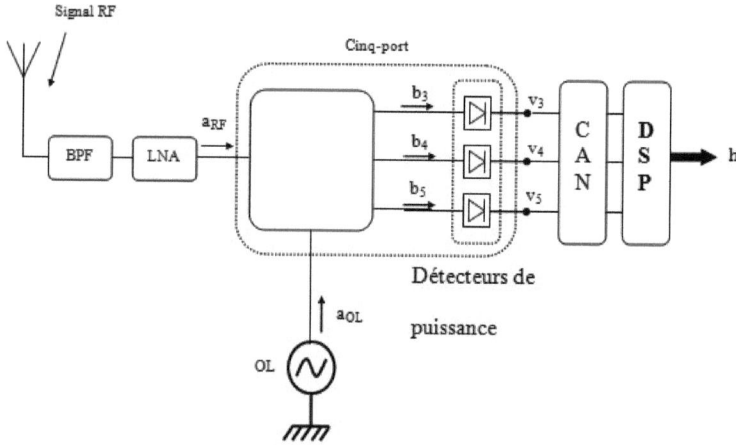

Figure 2. 24 - Récepteur basé sur le système cinq-port

Le signal RF a_{RF} dont l'amplitude et la phase dépendent du canal de propagation est connecté à l'accès RF du cinq-port après avoir été filtré et amplifié. L'accès 1 du cinq-port est relié à un oscillateur local délivrant un signal CW nommé a_{OL}. Les trois tensions de sortie sont numérisées par des convertisseurs analogiques/numériques. Elles sont ensuite traitées pour régénérer l'enveloppe complexe du signal portant les informations utiles.

En utilisant l'équation (2.1) définissant la relation entre les ondes incidentes et réfléchies aux ports de l'anneau à 5 branches, et l'équation (2.2) déterminant les coefficients de réflexion des 3 détecteurs de puissance, nous pouvons déterminer 3 équations liant les 3 ondes sortantes (b_3 b_4 b_5) de l'anneau à 5 accès aux 2 ondes entrantes aux accès 1 et 2 :

$$b_k = A_k a_{OL} + B_k a_{RF} \qquad (2.41)$$

avec $k \in \{3,4,5\}$. Comme vu précédemment, les paramètres complexes A_k et B_k dépendent des paramètres S de l'anneau à 5 accès et des coefficients de réflexion des 3 détecteurs de puissance, à la fréquence d'utilisation $f_{OL} = f_{RF} = f_0$.

$$A_k = \alpha_{Ak}.\exp(j\varphi_{Ak}) \qquad (2.42)$$
$$B_k = \alpha_{Bk}.\exp(j\varphi_{Bk}) \qquad (2.43)$$

Les termes α_{Ak} et α_{Bk} représentent les modules des paramètres complexes A_k et B_k ; φ_{Ak} et φ_{Bk} représentent leurs phases respectives.

Nous supposons que les spectres des signaux a_{RF} et a_{OL} sont centrés autour de la fréquence porteuse. Les expressions des signaux OL et RF sont données par:

$$a_{OL} = A_{OL} \exp(j2\pi f_0 t) \qquad (2.44)$$

$$a_{RF} = A_{RF} env(t) \exp(j2\pi f_0 t) \qquad (2.45)$$

Où $env(t) = I + jQ = a(t).\exp(j\psi(t))$ est l'enveloppe complexe du signal RF.
En utilisant les expressions (2.42), (2.43), (2.44), (2.45) pour réécrire (2.41), nous avons alors:

$$b_k = \alpha_{Ak}.A_{OL}.\exp(j(2\pi f_0 t + \varphi_{Ak})) + \alpha_{Bk}.A_{RF}.a(t).\exp(j(2\pi f_0 t + \psi(t) + \varphi_{Bk})) \qquad (2.46)$$

En prenant les parties réelles des 3 ondes b_k, nous obtenons les expressions des 3 tensions RF présentes à l'entrée des 3 détecteurs de puissance:

$$v_{RF\_k}(t) = \alpha_{Ak}.A_{OL}.\cos(2\pi f_0 t + \varphi_{Ak}) + \alpha_{Bk}.A_{RF}.a(t).\cos(2\pi f_0 t + \psi(t) + \varphi_{Bk}) \qquad (2.47)$$

avec $k \in \{3,4,5\}$

Ces 3 tensions sont injectées à l'entrée des détecteurs à diode, qui produisent 3 courants en sortie ayant pour expression (équation (2.28)):

$$i_k(t) = \frac{I_S}{2V_T^2}(v_{RF\_k}(t))^2 \qquad (2.48)$$

L'équation (2.48) représente la loi quadratique du détecteur à diode existant entre la tension RF d'entrée et le courant en sortie. Ainsi, les 3 tensions de sortie seront:

$$v_k(t) = K.v_{RF\_k}^2(t) \quad \text{avec} \quad K = \frac{R.R_V}{R+R_V}\left(\frac{I_S}{2.V_T^2}\right) \quad \text{et} \quad k \in \{3,4,5\} \qquad (2.49)$$

En remplaçant l'expression de $v_{RF\_k}(t)$ dans l'équation (2.47) et tenant compte de l'effet du filtre passe-bas RC, nous récupérons les 3 tensions de sortie BF s'exprimant par:

$$v_k(t) = \frac{K}{2}\alpha_{Ak}^2.A_{OL}^2 + \frac{K}{2}\alpha_{Bk}^2.A_{RF}^2.a^2(t) + K.\alpha_{Ak}.\alpha_{Bk}.A_{OL}.A_{RF}.a(t).\cos(\psi(t) + \phi_k) \qquad (2.50)$$

$\phi_k = \varphi_{Bk} - \varphi_{Ak}$ pour $k \in \{3,4,5\}$

L'équation (2.50) nous montre que chaque tension de sortie du cinq-port est la somme de 3 termes: le premier terme représente l'auto-mélange de l'oscillateur local et ceci correspond à une composante DC indésirable ; le deuxième terme représente l'auto-mélange du signal RF modulé et peut être temporellement variable selon la modulation utilisée, ce terme est indésirable et souvent noté comme « even-order distorsion term », qui est produit par une intermodulation d'ordre 2 (loi quadratique du détecteur de puissance); le troisième terme représente le mélange entre le signal de l'oscillateur local et le signal RF modulé, celui-ci transporte l'information et contient l'enveloppe complexe du signal RF.

Pour déterminer le rapport complexe entre les deux ondes entrantes, c'est-à-dire le signal RF et le signal d'OL à partir des trois tensions mesurées en sortie du cinq-port, il faut trouver les constantes caractéristiques nécessaires en appliquant une méthode de calibrage décrite ci-dessous.

II.3. Calibration du cinq-port

A partir des trois tensions exprimées dans l'équation (2.50), nous voulons générer l'enveloppe complexe du signal RF en déterminant le rapport complexe entre les deux ondes entrantes.

$$v_k(t) = \frac{K}{2}\alpha_{Ak}^2.A_{OL}^2 + \frac{K}{2}\alpha_{Bk}^2.A_{RF}^2.a^2(t) + K.\alpha_{Ak}.\alpha_{Bk}.A_{OL}.A_{RF}.a(t).\cos(\psi(t)+\phi_k)$$

$$\phi_i = \varphi_{Bk} - \varphi_{Ak} \quad \text{pour } k \in \{3,4,5\}$$

Dans cette équation, $a(t)$ et $\Psi(t)$ sont le module et la phase de l'enveloppe complexe respectivement.

Après l'élimination de la composante DC due à l'OL, l'équation (2.50) devient:

$$\tilde{v}_k(t) = v_k(t) - \frac{K}{2}\alpha_{Ak}^2.A_{OL}^2 = Y_k.a^2(t) + Q_k.a(t).\cos(\psi(t)+\phi_k) \quad (2.51)$$

Avec: $Y_k = \frac{K}{2}.\alpha_{Bk}^2.A_{RF}^2$ et $Q_k = K.\alpha_{Ak}.\alpha_{Bk}.A_{OL}.A_{RF}$

En développant, nous obtenons:

$$\tilde{v}_k(t) = Y_k.a^2(t) + Q_k.I(t).\cos\phi_k + Q_k.Q(t).\sin\phi_k \quad (2.52)$$

Où : $I(t) = a(t)\cos\Psi(t)$ et $Q(t) = -a(t)\sin\Psi(t)$ sont les parties réelle et imaginaire de l'enveloppe complexe du signal respectivement.

Nous pouvons écrire un système matriciel à partir des expressions des 3 tensions définies par la relation (2.52) :

$$B \cdot \begin{pmatrix} a^2(t) \\ I(t) \\ Q(t) \end{pmatrix} = \begin{pmatrix} \tilde{v}_3(t) \\ \tilde{v}_4(t) \\ \tilde{v}_5(t) \end{pmatrix} \qquad (2.53)$$

$$\text{Avec } B = \begin{pmatrix} Y_3 & Q_3\cos\phi_3 & Q_3\sin\phi_3 \\ Y_4 & Q_4\cos\phi_4 & Q_4\sin\phi_4 \\ Y_5 & Q_5\cos\phi_5 & Q_5\sin\phi_5 \end{pmatrix}$$

En supposant la matrice B inversible, il est possible d'écrire :

$$\begin{pmatrix} a^2(t) \\ I(t) \\ Q(t) \end{pmatrix} = B^{-1} \cdot \begin{pmatrix} \tilde{v}_3(t) \\ \tilde{v}_4(t) \\ \tilde{v}_5(t) \end{pmatrix} \qquad (2.54)$$

$$\text{Avec } B^{-1} = \begin{pmatrix} vg_3 & vg_4 & vg_5 \\ rg_3 & rg_4 & rg_5 \\ ig_3 & ig_4 & ig_5 \end{pmatrix}$$

En utilisant l'équation (2.54) et l'expression de l'inverse de B, nous obtenons :

$$I(t) = rg_3\tilde{v}_3(t) + rg_4\tilde{v}_4(t) + rg_5\tilde{v}_5(t) \qquad (2.55)$$

$$Q(t) = ig_3\tilde{v}_3(t) + ig_4\tilde{v}_4(t) + ig_5\tilde{v}_5(t) \qquad (2.56)$$

Les équations (2.55) et (2.56) définissent les 2 relations entre les signaux *I(t)* et *Q(t)*, et les 3 tensions de sortie, et font apparaître les 6 constantes *rg₃, rg₄, rg₅, ig₃, ig₄* et *ig₅* appelées constantes de calibrage. Ainsi après détermination de ces 6 constantes et mesure des 3 tensions de sortie, il est possible de régénérer les signaux *I(t)* et *Q(t)*. Après avoir obtenu I(t) et Q(t), nous avons donc l'enveloppe complexe des signaux en bande de base :

$$env(t) = I(t) + jQ(t) = g_3.\tilde{v}_3(t) + g_4.\tilde{v}_4(t) + g_5.\tilde{v}_5(t) \qquad (2.57)$$

Avec : $g_3 = rg_3 + j.ig_3$; $g_4 = rg_4 + j.ig_4$; $g_5 = rg_5 + j.ig_5$ sont les trois constantes complexes de calibrage. g_3 g_4 g_5 sont obtenues par une méthode de calibrage.

Dans le cas du cinq-port parfait ou idéal, les paramètres propres du cinq-port Y_k, Q_k, ϕ_k sont connus. A partir de ces valeurs, nous déterminons la matrice B dans l'équation (2.53) en calculant l'inverse de la matrice B, nous obtenons les 6 constantes de calibrage.

Dans le cadre de l'utilisation d'un cinq-port réel, une méthode de calibrage est nécessaire pour la détermination des 6 constantes de calibrage. Plusieurs méthodes de calibrage ont été proposées [4], [9], [13], [23], [24]. Dans [9], la méthode de calibrage est robuste pour le six-port et elle peut être adaptée au cinq-port. Cependant, elle demande beaucoup de calculs à cause de sa complexité. Une autre méthode basée sur les séquences d'apprentissage a été présentée [4]. Son inconvénient est la limite de la puissance du signal RF (<-20 dBm). Une nouvelle méthode qui est basée sur la mesure des différences de phase des trois tensions en sortie du cinq-port a été présentée [13]. Huang et al [23] ont proposé une méthode intéressante, décomposant les 3 tensions de sorties en 3 sous-espaces représentent le bruit et les signaux *I(t)* et *Q(t)*. Les constantes de calibrage sont déterminées à partir du calcul des vecteurs propres associés à chaque sous-espace.

Les méthodes de calibrage sont généralement classées en deux catégories : pré-calibrage et auto- calibrage:

Pré- calibrage [4], [9], [13], [24]: Le but est toujours de déterminer les constantes g_3, g_4, g_5 au préalable, puis de les appliquer ensuite aux tensions mesurées pour calculer l'enveloppe complexe env(t). Il existe deux approches pour pré-calibrer le cinq-port:

- Calibrage par calcul direct: dans cette approche, les constantes de calibrage sont déterminées en calculant l'inverse de la matrice B lorsque l'on connait les paramètres électriques K, Y_k, Q_k, ϕ_k du cinq-port. Cette méthode a été proposée par F.R.de Sousa et elle est reportée en détail dans l'annexe 2.

- Calibrage par calcul indirect: Dans cette approche, en injectant à l'entrée RF, un signal modulé par une séquence I/Q connue, et en mesurant ensuite les 3 tensions correspondantes en sortie, ceci permet d'écrire 2 systèmes d'équations ayant comme inconnues les 6 constantes de calibrage obtenues par la résolution des 2 systèmes d'équations. Les détails de cette méthode sont reportés dans l'annexe 2.

Auto- calibrage [15], [23]: dans cette catégorie, le cinq-port est calibré en utilisant une séquence d'apprentissage connue par l'émetteur. En effet, l'idée de cette méthode est la même que le calibrage par calcul indirect mais elle est parfaitement adaptée aux systèmes de télécommunications où la séquence d'apprentissage est bien connue en réception. De plus, cette méthode permet de compenser d'une façon adaptative les variations en amplitude, en phase reliées entre autres au canal de propagation et de rejeter les interférences causées par les canaux adjacents [15]. Cette méthode est peut-être a priori adaptée aux sondeurs de canal utilisant les techniques dans le domaine temporel.

Dans le sondeur de canal basé sur la technique fréquentielle, la fonction de transfert du canal est mesurée par pas de fréquence dans une bande de fréquence choisie comme présenté dans le chapitre 1. Pour introduire le système cinq-port dans le sondeur fréquentiel, il est indispensable de calibrer le cinq-port dans toute la bande de fréquence. Dans le sondeur de canal fréquentiel utilisé avec un signal CW, nous allons appliquer la méthode le pré- calibrage pour calibrer le cinq-port. Ensuite nous allons la modifier pour calibrer « le système de mesure », ce qui nous permet de mesurer les retards absolus des trajets multiples. La modification sera présentée dans le chapitre 3.

Conclusion du chapitre 2

Dans ce chapitre, le corrélateur cinq-port en technologie micro ruban fonctionnant à 2.4 GHz constitué d'un anneau à 5 accès et de 3 détecteurs de puissance à diode a été présenté. Nous avons ensuite montré comment déterminer le rapport complexe entre le signal RF et le signal OL. Ce rapport est simplement calculé à partir des trois tensions mesurées en sortie et trois constantes de calibrage. Ce rapport complexe représente la fonction de transfert du canal de propagation que nous avons théoriquement développé dans le chapitre 1 et que nous allons la mesurer dans le chapitre 3. De plus, l'enveloppe complexe avec laquelle nous pouvons déterminer la phase pour calculer les directions d'arrivée de signaux RF dont le système de mesure sera présenté dans le chapitre 4 est dérivée à partir de ce rapport complexe. Pour garantir la détection quadratique sur une grande dynamique, nous avons détaillé la technique de linéarisation des détecteurs de puissance. Nous avons terminé ce chapitre par le calibrage du cinq-port, corrigeant ainsi le défaut du cinq-port. Un corrélateur cinq-port possède trois voies au lieu de deux dans un démodulateur I/Q classique. Grâce à la redondance introduite par la troisième voie, le corrélateur cinq-port se présente moins sensible aux désappariements de phase et d'amplitude par rapport au démodulateur I/Q classique. Ceci permet de mesurer précisément la phase et l'amplitude des signaux RF. De plus, le cinq-port peut fonctionner dans une bande de fréquences large [8]. Ces caractéristiques sont exploitables seulement si une procédure de calibrage est appliquée.

Bibliographie

[1]- G. F. Engen, C. A. Hoer, "Applicaton of an arbitrary 6-port junction to power-measurement problems," IEEE Transactions on Instrumentation and Measurement, vol. IM-21, pp 470-474, Nov 1972.

[2]- CG Miguelez, B. Huyart, E. Bergeault and L. Jallet, "A new automobile radar based on the six-port phase/frequency discriminator," IEEE Transactions on Vehicular Technology, Vol. 49, No. 4, July 2000, pp 1416-1423.

[3]- S. O. Tatu, E. Moldovan, Ke Wu and R. G. Bosisio, "A new direct millimeter wave six-port receiver, " Microwave Symposium Digest, 2001 IEEE MTT-S International, Vol. 3, pp. 1809-1812, May 2001.

[4]- G. Neveux, B. Huyart, and J. R. Guisantes, "Wide-band RF receiver using the "five-port" technology," IEEE Transactions on Vehicular Technology, Vol. 53, Issue: 5, pp.1441-1451, September 2004.

[5]- G. Neveux, "Démodulateur direct de signaux RF multi-mode et multi-bande utilisant la technique " cinq-port "," thèse de doctorat, ENST Paris, Décembre 2003.

[6]- S. Abou Chakra, "La boucle locale radio et la démodulation directe de signaux larges bandes à 26 GHz," thèse de doctorat, ENST Paris, Décembre 2004.

[7]- F. R. De Sousa, "Application du corrélateur five-port aux PLLs, à la récupération de porteuse et à un MODEM de télécommunications dans la bande de 1.8-5.5 GHz," thèse de doctorat, ENST Paris, Octobre 2004.

[8]- E. Bergeault, G. Geneves, B. Huyart and L. Jallet, "The design of a six-port reflectometer with frequency-independent calibration procedure GHz," Conference on Precision Electromagnetic Measurements, 11-14 June 1990, pp 398-399.

[9]- Frank Wiedmann, "Développements pour des applications grand public du réflectomètre six-portes : algorithme de calibrage robuste, réflectomètre à très large bande et réflectomètre intégré MMIC," Thèse soutenue en juillet 1997 à l'ENST PARIS.

[10]- G. Engen, "The six-port reflectometer: an alternative network analyzer," IEEE Transactions On Microwave Theory and Techniques, Vol. 25, Issue 12, December 1977, pp 1075-1080.

[11]- C. G. Montgomery, R. H. Dicke, and E. M. Purcell, "Principles of Microwave Circuits," London: Peregrinus, 1987.

[12]- E.R. Bertil Hansson and G.P. Riblet, "An ideal six-port network consisting of a matched reciprocal lossless five-port and a perfect directionnal coupler," IEEE Transactions on Microwave Theory and Techniques, Vol. 31, No. 3, March 1983, pp 284-288.

[13]- F. R. De Sousa, B. Huyart and R. N. de Lima, "A new method for automatic calibration of 5-port reflectometers," IEEE MTT-S / SBMO International Microwave and Optoelectronics Conference, IMOC'2003. Actes de conférence - Foz de Iguaçu - Brasil, 20-23 Sep 2003.

[14]- F. Rangel de Sousa, B. Huyart and RCS Freire, "Low cost network analyzer using a six-port reflectometer," IEEE MTT-S IMOC 2001Proceedings, pp 145-147.

[15]- G. Neveux, B. Huyart, J. Rodriguez, "Auto-calibrage d'un démodulateur utilisant la technique five-port," JNM2003, LILLE, mai 2003.

[16]- Data Sheet AGILENT, diode Schottky HSMS2850, "Surface mount zero-bias Schottky detector diodes,".

[17]- Application Note 963 AGILENT, "Impedance Matching Techniques for Mixers and Detectors," (http://literature.agilent.com/litweb/pdf/5952-0496.pdf).

[18]- Application Note 923 AGILENT, "Schottky Barrier Diode Video Detectors," (http://literature.agilent.com/litweb/pdf/5954-2079.pdf).

[19]- A.M. Cowley and H.O. Sorensen, "Quantitative comparison of solid-state microwave detectors," IEEE Transactions on Microwave Theory and Techniques, Vol. 14, No 12, December 1966, pp 588-602.

[20]- C. Potter and A. Bullock, "Nonlinearity correction of microwave diode detectors using a repeatable attenuation step," Microwave Journal, Vol. 36, No. 5, May 1993, pp 272-279.

[21]- Cletus Hoer, Keith C. Roe, C. M. Allred, "Measuring and Minimizing Diode Detector Nonlinearity," IEEE Transactions on Instrumentation and Measurement, Vol. IM-25, No. 4, December 1976.

[22]- Chen Zhaowu, Xu Binchun, "Linearization of Diode Detector Characteristics," Microwave Symposium Digest, MTT-S International Volume 87, Issue 1, Jun 1987 Page(s):265 - 267.

[23]- X. Huang, D. Hindson, M. Caron and M. De Leseleuc, "I/Q-channel regeneration in 5-port junction based direct receivers," IEEE Microwave Theory and Techniques Symposium on Technologies for Wireless Applications, 21-24 February 1999, pp 169-173.

[24]- Ji Li, Bosisio. R. G, Ke Wu, "Dual-tone calibration of six-port junction and its application to the six-port direct digital millimetric receiver," Microwave Theory and Techniques, IEEE Transactions on , Volume: 44 Issue: 1 , Jan. 1996, pp 93 –99.

Chapitre 3

Sondeur de canal mono capteur utilisant le cinq-port

Introduction

Dans le cadre du sondeur de canal, et après avoir réalisé les cinq-ports en technologie micro-ruban fonctionnant à 2.4 GHz, dans ce chapitre, nous allons proposer et réaliser un système composé d'un corrélateur cinq-port et d'une antenne quasi Yagi en réception. Ce sondeur mono capteur, basé sur la technique fréquentielle présentée dans le chapitre 1, permet de mesurer les retards de propagation de trajets multiples. En effet, la fonction de transfert du canal est mesurée et la réponse impulsionnelle est calculée par la transformée de Fourier. Les retards de trajets multiples sont aussi estimés par la méthode à haute résolution nommée MUSIC (Multiple Signal Classification).

III.1. Antenne quasi - Yagi

Dans cette partie, nous présentons l'antenne quasi Yagi utilisée pour le sondeur fréquentiel. Nous montrons également la configuration de cette antenne pour une utilisation en réseau en se basant sur le couplage entre deux éléments. Le réseau d'antennes est utilisé dans le contexte de mesure et de caractérisation large bande du canal de propagation en mesurant les directions d'arrivée et les retards de propagation de trajets multiples.

III.1.1. Choix du type d'antenne pour le sondage de canal

- *Type d'antennes à large bande passante*

Afin de caractériser le canal de propagation à large bande, le système doit être capable de fonctionner sur une large bande de fréquences (environ 400 MHz). Pour cela, les antennes doivent satisfaire les propriétés suivantes :

- Large bande (environ 20% à 2.4 GHz).
- Diagramme de rayonnement relativement stable.
- Facile à réaliser et à mettre en œuvre en réseau - encombrement réduit.
- Faible couplage entre les antennes dans le cas de réseau d'antennes.
- Faible coût de réalisation.
- Gain le plus élevé possible.

Le choix de l'antenne large bande est orienté vers la caractérisation large bande du canal de propagation dans la bande de fréquence. Les antennes à large bande passante peuvent à priori convenir au sondage de canal. Parmi les antennes à large bande, les antennes planaires possèdent de nombreux avantages comparés aux antennes filaires dans le cadre de notre étude: encombrement réduit, facilité de fabrication, association simple avec les autres éléments de la chaîne de réception tels que les amplificateurs faible bruit....

Le tableau suivant résume les caractéristiques quelques antennes planaires [26].

		Diagramme de rayonnement	Directivité	Polarisation	Bande passante	Commentaires
Patch		Broadside[1]	Moyenne	Linéaire Circulaire	Faible	Très facile à réaliser
Fente		Broadside[1]	Faible Moyenne	Linéaire	Moyenne	Bidirectionnelle
Cercle		Broadside[1]	Moyenne	Linéaire Circulaire	Faible	Difficile à alimenter
Spiral		Broadside[1]	Moyenne	Linéaire Circulaire	Large	Balun et absorbant
Papillon		Broadside[1]	Moyenne	Linéaire	Large	Balun
Vivaldi		Endfire[2]	Moyenne Importante	Linéaire	Large	Transition pour l'alimentation
Yagi fente		Endfire[2]	Moyenne	Linéaire	Moyenne	Deux couches
Quasi-Yagi		Endfire[2]	Moyenne Importante	Linéaire	Large	Uni planaire et Compact
Log-périodiques		Endfire[2]	Moyenne	Linéaire	Large	Balun (deux couches)

Tableau 3. 1 - Types d'antennes planaires

Broadside[1] : le diagramme de rayonnement est orthogonal au plan d'antenne.
Endfire[2] : l'antenne rayonne dans le plan de l'antenne.

Parmi les antennes planaires, les antennes micro ruban se sont développées dans les années 1970. Aujourd'hui, elles sont utilisées dans de nombreuses applications. Ces antennes consistent à imprimer un élément, un motif métallique sur un diélectrique déposé sur un plan de masse. Ce motif peut apparaître sous différentes configurations et sous forme de réseau.

Les patchs rectangulaires et circulaires sont les plus utilisées grâce à leur facilité d'analyse et de réalisation. Les antennes patch sont de faible encombrement et de faible coût de réalisation en utilisant les technologies classiques des circuits imprimés. Cependant, l'inconvénient des antennes patch est leur faible bande passante (quelques pourcents) et par conséquent pas suffisante pour la caractérisation large bande du canal de propagation.

De ce fait, plusieurs techniques telles que l'empilement de plusieurs couches, l'ajout des parasites dans le patch ... ont été proposées pour augmenter la bande passante. Néanmoins, le coût de réalisation et la complexité augmentent en appliquant ces techniques.

L'antenne quasi-Yagi imprimée a été proposée il y a quelques années aux Etats-Unis [21]. Comme présentée ultérieurement, cette antenne simple couche et compacte couvre une bande passante importante. Cette antenne est facile à réaliser et de faible coût de réalisation. De plus, le couplage entre deux de ces antennes est faible, ce qui permet une utilisation aisée en réseau. Nous avons choisi cette antenne pour la mise en œuvre de notre sondeur de canal.

III.1.2. Présentation de l'antenne quasi-Yagi

Cette antenne est basée sur la même théorie que l'antenne Yagi [20]. La différence est que le dipôle, les directeurs et le réflecteur sont intégrés en technologie micro ruban. La figure 3.1 présente la géométrie de cette antenne. L'antenne quasi-Yagi est composée de deux parties: La transition micro ruban à CPS (ligne à ruban de type coplanaire, Co Planar Strip) (Figure 3.2a) et l'antenne CPS (Figure 3.2b).

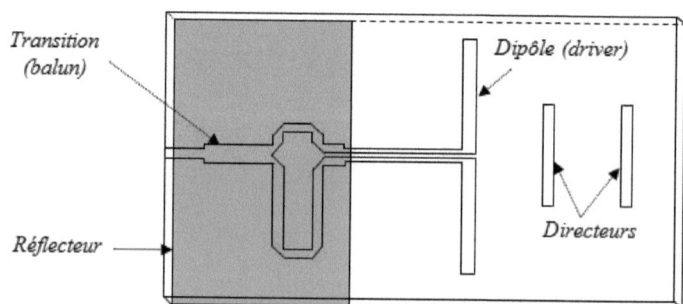

Figure 3. 1 - Géométrie de l'antenne quasi-Yagi

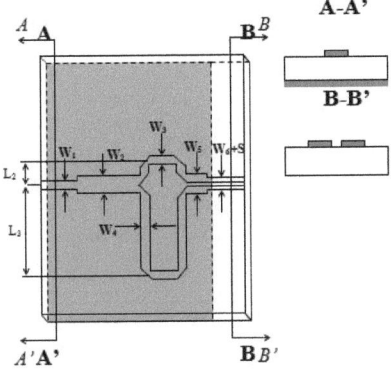
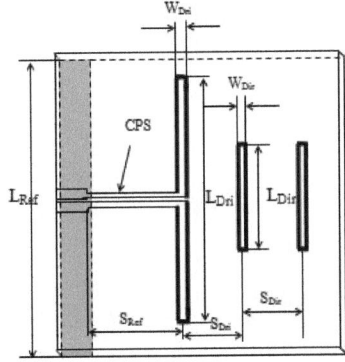

Figure 3. 2b - Antenne CPS

Figure 3. 2a - Transition micro ruban- CPS

- **Transition micro ruban - CPS:**

La ligne d'entrée et les deux branches sont supposées avoir une impédance caractéristique de 50 Ω. Un quart d'onde dont l'impédance caractéristique est 35.5 Ω joue le rôle d'un transformateur d'impédance qui précède une jonction symétrique T utilisée pour réaliser une alimentation équilibrée pour le dipôle.

L'idée principale de cette jonction est de déphaser de 180^0 degrés de phase entre les deux branches en ajustant la longueur de deux branches pour que $L_3 - L_2 = \lambda_g / 4$. λ_g est la longueur d'onde dans la ligne micro ruban. Cette transition est capable de fournir le mode impair pour la ligne CPS et de supprimer le mode pair dans une bande de fréquence. La ligne CPS fournit un circuit ouvert pour le mode pair des lignes micro ruban. Ayant un plan de masse coupé juste à côté du déphaseur, l'impédance du mode pair des lignes micro ruban vue de déphaseur devient importante. Le signal est donc réfléchi et c'est sans doute le déphasage de 180° (2 fois lamda sur 4). C'est la raison pour laquelle le mode pair est supprimé dans toute la bande de fréquence. L'optimisation de la transition est faite en utilisant le logiciel CST microwave studio. Bien qu'il existe plusieurs paramètres qui doivent être optimisés, les paramètres les plus important sont la longueur du déphaseur, l'écart entre les lignes CPS et le chanfrein:

- La longueur du déphaseur : Afin de créer la différence de phase de 180^0 entre les deux lignes micro ruban, la différence de la longueur $L_3 - L_2 = \lambda_g / 4$ à 2.4 GHz.
- L'écart entre les lignes CPS: il détermine l'impédance caractéristique de la ligne CPS. Cet écart est optimisé pour que le couplage entre ces deux lignes soit fort, ce qui offre une bonne adaptation d'impédance pour le mode impair [27].

- Le chanfrein est optimisé en calculant D = 0.57 W_3 afin de diminuer les pertes dues aux réflexions et aux rayonnements au niveau de la courbure [28].

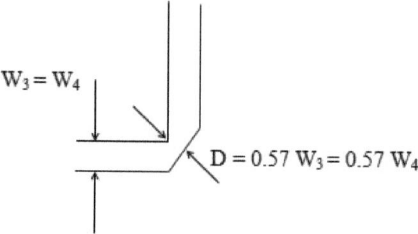

Figure 3. 3 - Optimisation des chanfreins

- **Antenne CPS:**

La transition ou le balun favorise l'apparition du mode impair pour le signal se propageant dans les lignes micro rubans, qui est facilement transféré dans la ligne CPS. Par contre, le balun supprime le mode pair dans la bande de fréquence considérée. Comme la ligne CPS ne supporte pas le mode pair, elle est considérée comme un circuit ouvert pour le mode pair. La ligne CPS est connectée au dipôle imprimé (driver) qui est placé à $\lambda_g/4$ du réflecteur. Deux directeurs sont ajoutés pour améliorer la directivité de l'antenne. Les paramètres tels que la longueur du dipôle, la longueur du directeur, la distance entre le driver et le directeur sont optimisées par la simulation. CST Microwave-Studio est un logiciel qui permet de modéliser des structures électromagnétiques, des antennes etc. Ce logiciel utilise la méthode des intégrales finies (méthode de calcul temporelle). Nous avons utilisé ce logiciel pour simuler et optimiser l'antenne quasi-Yagi.

Nous avons simulé et réalisé cette antenne à 2.4GHz en technologie micro ruban, en utilisant un substrat Epoxy dont les caractéristiques sont les suivantes: permittivité diélectrique: ε=4.1, épaisseur du conducteur T= 35µm, épaisseur du diélectrique H= 1.59 mm, pertes du diélectrique tan δ=0.02. Nous avons obtenu les paramètres de l'antenne suivants:

$W_1 = W_3 = W_4 = W_5 = W_{Dir} = 3.16$ mm;
$W_6 = S = 1.58$ mm;
$W_{Dip} = 4$ mm;
$S_{Ref} = 25$ mm; $S_{Dri} = S_{Dir} = 19$ mm;
$L_{Dri} = 54$ mm; $L_{Dir} = 24$ mm ; $L_{Ref} = 65$ mm.

L'antenne réalisée est montrée sur la figure 3.4. Les résultats de la simulation et de la mesure du module de coefficient de réflexion S_{11} sont montrés sur la figure 3.5. On remarque un déplacement de la fréquence basse dans la bande passante de 100 MHz, 1.95 GHz au lieu de 2.05 GHz, à cause de l'erreur commise sur l'estimation de la permittivité du diélectrique. Nous obtenons une large bande passante de 800 MHz dans le cas de mesure et 700 MHz dans le cas de simulation. En résumé, l'antenne est bien adaptée avec une bande passante à −10 dB supérieure à 700 MHz, soit > 45% à 2.4 GHz.

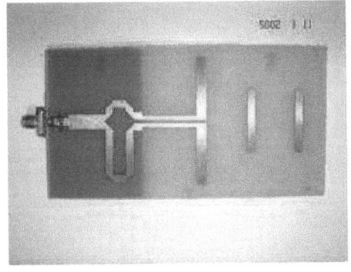

Figure 3. 4 - Antenne réalisée: Dimensions 65.5×13 mm

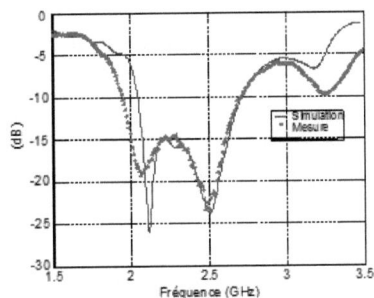

Figure 3. 5 - Module du coefficient de réflexion

Les caractéristiques de l'antenne ont été mesurées en chambre anéchoïque entre 2 GHz et 2.9 GHz. La figure 3.6 présente le gain de l'antenne en fonction de la fréquence. Nous voyons que le gain reste relativement constant entre 2.1 et 2.9 GHz dans le cas de simulation. Dans le cas de la mesure, le gain est assez constant dans cette bande. Sa valeur moyenne sur la bande de fréquence est d'environ 5.5 dB.

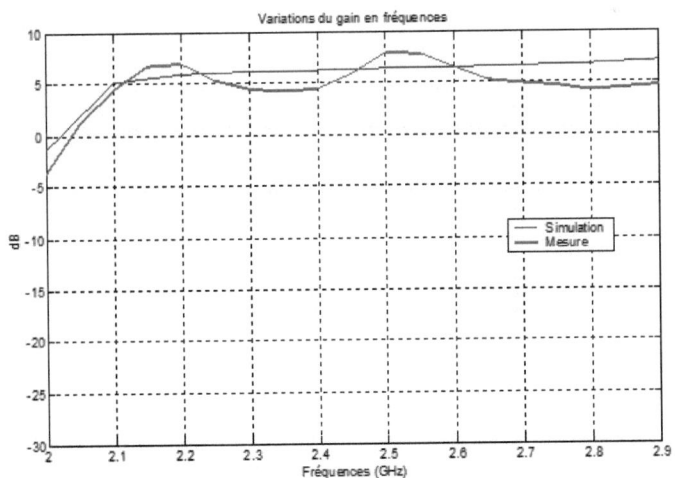

Figure 3. 6 - Gain de l'antenne en fonction de la fréquence

Les diagrammes de rayonnement de l'antenne dans le plan H, plan orthogonal au dipôle et au substrat, à 2.2 GHz, à 2.4 GHz et à 2.6 GHz sont montrés sur la figure 3.7, la figure 3.8 et la figure 3.9 respectivement.

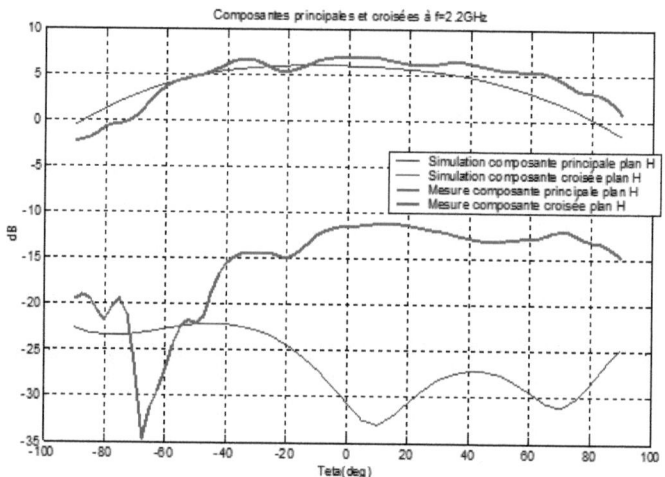

Figure 3. 7 - *Diagramme de rayonnement dans le plan H de l'antenne à la fréquence 2.2 GHz*

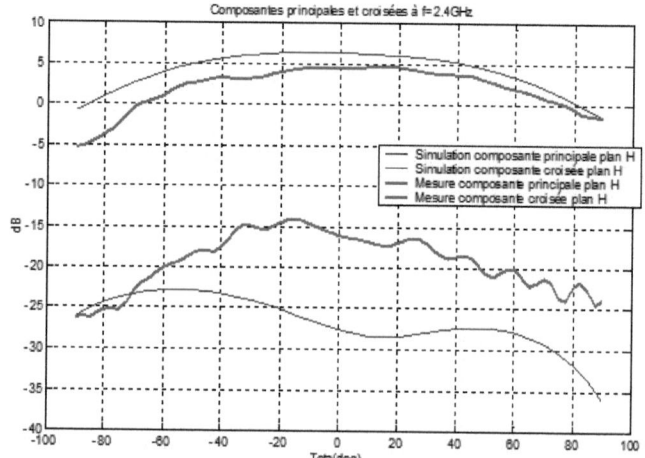

Figure 3. 8 - *Diagramme de rayonnement dans le plan H de l'antenne à la fréquence 2.4 GHz*

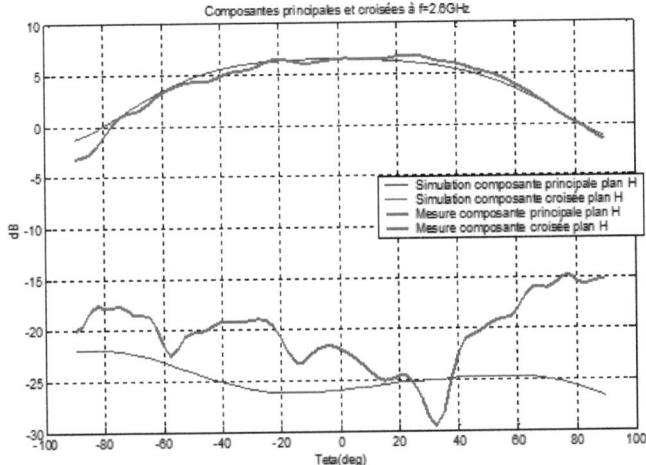

Figure 3. 9 - Diagramme de rayonnement dans le plan H de l'antenne à la fréquence 2.6 GHz

Nous observons un bon accord entre la composante principale mesurée et simulée. En revanche, la composante croisée mesurée est supérieure à la composante croisée simulée. Néanmoins, elle reste assez faible pour ne pas perturber nos résultats de mesure du canal de propagation. Le niveau de composante croisée diminue lorsque la fréquence augmente.

Enfin, nous obtenons un rayonnement stable dans le plan H et le lobe principal présente une bonne symétrie. L'ouverture à 3 dB est de 125 degrés en simulation et en mesure.

Les diagrammes de rayonnement dans le plan E, plan colinéaire au dipôle, aux fréquences 2.2 GHz, 2.4GHz et 2.6 GHz sont montrés sur les figures 3.10, figure 3.11 et figure 3.12 respectivement.

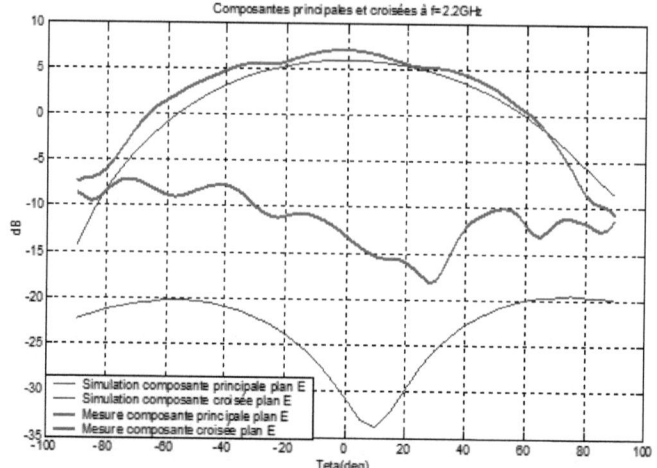

Figure 3. 10 - Diagramme de rayonnement dans le plan E de l'antenne à la fréquence 2.2 GHz

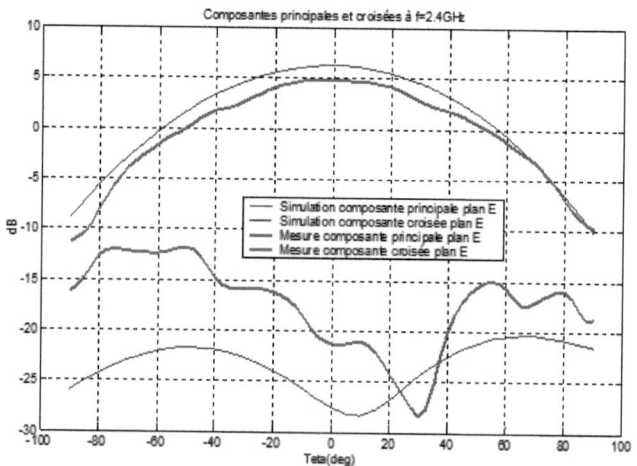

Figure 3. 11 - *Diagramme de rayonnement dans le plan E de l'antenne à la fréquence 2.4 GHz*

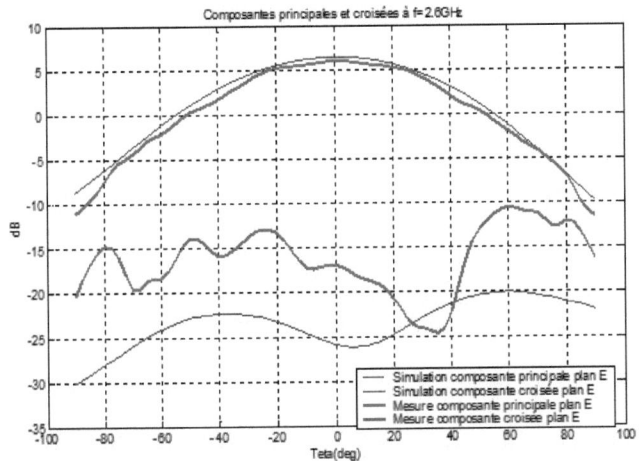

Figure 3. 12 - *Diagramme de rayonnement dans le plan E de l'antenne à la fréquence 2.6 GHz*

Nous observons un bon accord entre la composante principale mesurée et simulée. Par contre, la composante croisée mesurée est supérieure à la composante croisée simulée. Cependant, elle reste assez faible.

Nous obtenons un rayonnement stable dans le plan H et dans le plan E avec un angle d'ouverture à 3 dB de 125° dans le plan H et 80° dans le plan E.

En résumé, l'antenne a les caractéristiques suivantes:

- Bande passante: 700 MHz centrée à 2.4 GHz, soit 45%.
- $ROS \leq 1.5$.
- Gain : 6 dBi.
- L'ouverture à 3 dB : 125 degrés dans le plan H et 80 degrés dans le plan E.
- Diagramme de rayonnement stable et symétrique dans le plan H et dans le plan E.

III.1.3. *Réseau d'antenne quasi-Yagi*

Dans le chapitre suivant, nous allons réaliser un sondeur de canal multi capteur dans lequel se trouve un réseau d'antennes quasi -Yagi. Le paramètre le plus important concernant le réseau d'antennes est le couplage entre les éléments.

III.1.3.1. Couplage

Le couplage entre les éléments dépend du type d'antennes et de la distance les séparant. Pour les antennes quasi-Yagi, nous avons simulé avec le logiciel CST Microwave studio le couplage entre les éléments dans deux cas:

- Couplage horizontal ou couplage dans le plan E, c'est-à-dire le couplage entre deux éléments dans le même substrat.
- Couplage vertical ou couplage dans le plan H.

Ensuite, nous comparons les résultats de simulation avec ceux de mesure.

- **Couplage dans le plan E:**

La figure 3.13 montre la configuration pour la simulation du couplage dans le plan E. La distance entre deux éléments d = 65.5 mm. Cette distance est un peu supérieure à $\lambda/2$ à 2.4 GHz. Ceci est limité par la taille de l'antenne. Quand les antennes sont bien adaptées, le couplage entre deux éléments est directement donné par le coefficient de transmission S_{21}. La figure 3.14 présente les résultats de simulation et de mesure. Nous constatons que le couplage diminue en fonction de la fréquence et le couplage est assez faible dans la bande de fréquence ($\leq 15dB$).

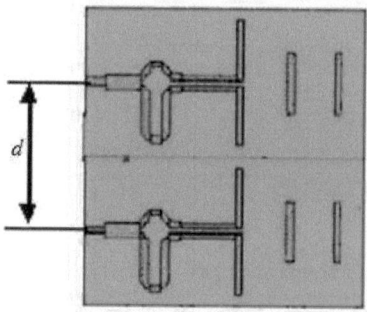

Figure 3. 13 - Simulation du couplage entre deux éléments dans le plan E

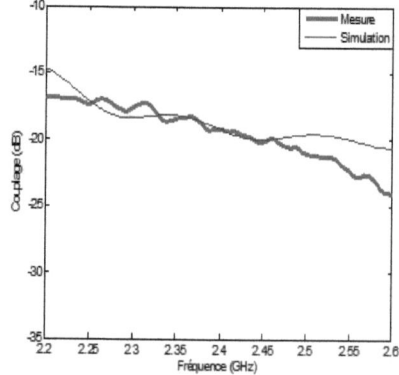

Figure 3. 14 - Résultats du couplage entre deux éléments dans le plan E

- **Couplage dans le plan H:**

La figure 3.15 montre la configuration pour la simulation du couplage dans le plan H. La distance entre deux éléments d = 62.5 mm correspondante à $\lambda/2$ à 2.4 GHz. Les résultats de simulation et de mesure sont illustrés sur la figure 3.16. Nous observons que le couplage dans ce plan est très faible dans la bande de fréquence ($\leq 18dB$).

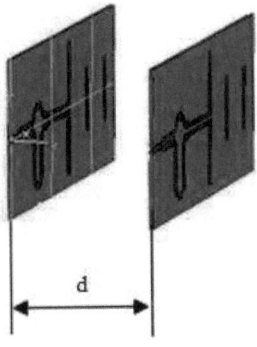

Figure 3. 15 - Simulation du couplage entre deux éléments dans le plan H

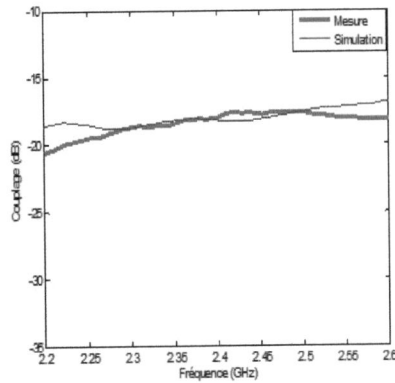

Figure 3. 16 - Résultats du couplage entre deux éléments dans le plan H

En conclusion, le couplage entre deux éléments est faible dans le plan H et assez faible dans le plan E.

III.1.3.2. Réseau linéaire et réseau planaire

- Réseau linéaire:

Figure 3. 17 - Réseau linéaire composé de 8 antennes quasi-Yagi

Le réseau linéaire de 8 antennes quasi-Yagi est présenté sur la figure 3.17. La distance entre deux éléments consécutifs est de 62.5 mm ou $\lambda/2$ à 2.4 GHz. Les antennes sont placées dans le plan vertical. Ce réseau sera utilisé pour le sondeur multi capteur que nous allons présenter dans le chapitre 4.

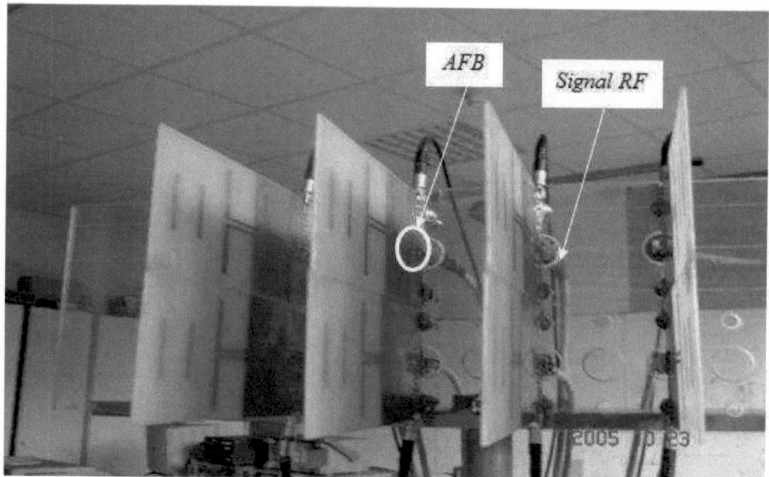

Figure 3. 18 - Réseau planaire de 8 antennes quasi-Yagi

La figure 3.18 présente un réseau planaire de 8 antennes quasi-Yagi: 2 éléments suivant l'axe vertical et 4 suivant l'axe horizontal. La distance de séparation entre deux éléments est de 65.5 mm dans l'axe vertical et de 62.5 mm dans l'axe horizontal. Chaque antenne est associée avec un amplificateur faible bruit (AFB) ayant un gain de 20 dB dans la bande de fréquence de 200 MHz autour de 2.4 GHz [31].

L'antenne quasi-Yagi a plusieurs avantages tels que la bande passante importante, le diagramme de rayonnement de type endfire, la facilité de réalisation, un gain important, et notamment le faible couplage entre les éléments. Cette antenne est donc bien adaptée pour la mise en œuvre en réseau dans le contexte de sondage du canal.

III.2. Sondeur fréquentiel utilisant la technique cinq-port

III.2.1. Description du système de mesure

La figure 3.19 présente le sondeur fréquentiel proposé. Le générateur RF balaye sur la bande de fréquence B_{sw} de 2.2 à 2.6 GHz par un pas discret de $\Delta f = 1$ MHz. Le contrôle de changement de fréquence est effectué par le Bus GPIB ou par un trigger externe (voir l'annexe 5). Le signal CW à la sortie du générateur est amplifié et émis par une antenne quasi-Yagi présentée dans la partie III.1. Le signal subit les phénomènes physiques tels que la réflexion, la diffraction… avant d'arriver à l'antenne de réception. Le signal reçu est envoyé à l'accès RF du cinq-port en technologie micro ruban (chapitre 2). Les trois sorties du cinq-port sont connectées à un SC2040. Le SC2040 contient 8 échantillonneurs/bloqueurs, ce qui nous permet d'échantillonner simultanément 8 canaux. Les canaux sont échantillonnés en même temps, ce qui est utile pour préserver les relations de phase entre les canaux [29]. En effet, son rôle est de prélever à chaque période d'échantillonnage la valeur du signal. On l'associe de manière quasi-systématique à un bloqueur. Le bloqueur va figer l'échantillon pendant le temps nécessaire à la conversion. Ainsi durant la phase de numérisation, la valeur de la tension de l'échantillon reste constante assurant une conversion aussi juste que possible.

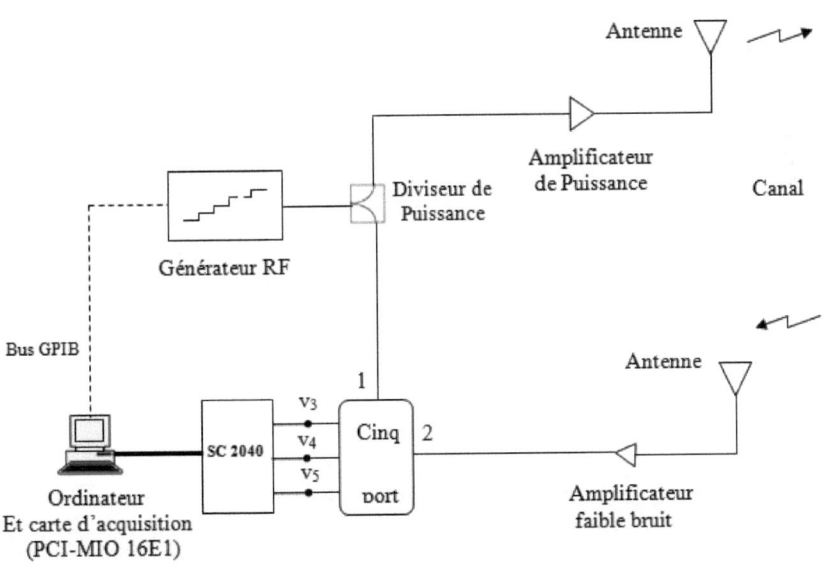

Figure 3. 19 - Schéma bloc du système proposé

Les signaux sont échantillonnés par une carte d'acquisition. Nous avons utilisé une carte d'acquisition PCI-MIO-16 E-1 du constructeur *National Instruments*, qui est connecté à un PC Pentium III via le bus PCI. Cette carte d'acquisition possède 8 entrées analogiques, 2 sorties analogiques et 8 Entrée/Sortie numérique avec des fonctions de trigger, timer et compteur. Toutes les entrées analogiques sont connectées à un multiplexeur avant d'entrer dans un amplificateur et enfin un convertisseur analogique/numérique. Les entrées analogiques peuvent être schématisées par la figure suivante :

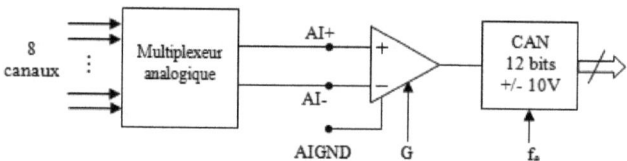

Figure 3. 20 - Schéma des entrées analogiques de la carte d'acquisition PCI-MIO-16E1

Dans le cadre du sondeur fréquentiel, nous avons utilisé 3 des 8 entrées analogiques. Après le multiplexeur, nous avons un amplificateur d'instrumentation à gain ajustable G, suivi par un Convertisseur Analogique/Numérique 12 bits avec une dynamique de $\pm 10V$. Le tableau suivant indique la dynamique des signaux d'entrée et la précision obtenue (écart minimale de tension quantifiable) en fonction du gain G ajustable :

Configuration	Gain G	Dynamique	Précision
De 0 à +10V (unipolaire)	1	De 0 à +10V	2.44mV
	2	De 0 à +5V	1.22mV
	5	De 0 à +2V	488.28µV
	10	De 0 à +1V	244.14µV
	20	De 0 à +500 mV	102.07µV
	50	De 0 à +200 mV	48.83µV
	100	De 0 à +100 mV	22.41µV
De -5 à +5V (bipolaire)	1	De -10 à +10V	2.44mV
	2	De -5 à +5V	1.22mV
	5	De -2 à +2V	488.28µV
	10	De -1 à +1V	244.14µV
	20	De -500mV à +500 mV	102.07µV
	50	De -200mV à +200 mV	48.83µV
	100	De -100mV à +100 mV	22.41µV

Tableau 3. 2 - Caractéristiques de la carte d'acquisition: gain, dynamique et précision

Ce gain est ajusté en fonction de l'amplitude du signal reçu pour optimiser la dynamique du système par le programme écrit en C++. L'impédance d'entrée analogique est équivalente à : une résistance de 1MΩ en parallèle avec une capacité de 100 pF. La capacité linéique des câbles liant le circuit cinq-port au boîtier de connexion de la carte d'acquisition est de 97pF/m. Les capacités d'entrée de la carte et du câble de liaison seront à prendre en compte dans le calcul de la fréquence de coupure des filtres passe-bas des détecteurs de puissances (voir l'équation (2.26) dans le chapitre 2).

Un seul convertisseur analogique/numérique transforme la tension de l'échantillon (analogique) en un code binaire. La conversion s'effectue sur 12 bits, la dynamique de la carte est donc de 72 dB. La résolution du convertisseur est de 2.44 mV/bit si G = 1. Les trois signaux sont échantillonnés à 10 KHz. Le déclenchement des acquisitions est externe ou interne. Dans notre cas, les signaux analogiques aux sorties des cinq-ports ont une faible bande passante (un gros avantage de la technique fréquentielle), en choisissant une fréquence d'échantillonnage d'une dizaine de KHz, le théorème de « l'échantillonnage idéalisé » de Shannon est largement satisfait.

Comme la dynamique du système dépend aussi des performances de la carte d'acquisition, et compte tenu des coûts des convertisseurs analogique/numérique, la fréquence d'échantillonnage maximale de la carte est de 1.25MHz.

A chaque fréquence, après avoir obtenu les trois tensions à la sortie du cinq-port et avec les constantes de calibrage du cinq-port, le rapport entre le signal OL et le signal RF qui vient de l'antenne est déterminé en utilisant l'équation (2.57) du chapitre précédent. Autrement dit, le cinq-port mesure le paramètre S_{21} ou la fonction de transfert du canal à chaque pas de fréquence et la réponse impulsionnelle est obtenue à partir de la réponse fréquentielle par la transformée de Fourier inverse.

La résolution temporelle dépend de la bande de fréquence balayée et aussi du type de fenêtre appliqué:

- *La fenêtre rectangulaire* permet de séparer les trajets avec la résolution de 2.5 ns (soit 1/400 MHz). En revanche, la dynamique de 13 dB n'est pas suffisante pour distinguer les trajets.

- *La fenêtre de Hamming* a un lobe principal deux fois plus large qu'une fenêtre rectangulaire. Le niveau des lobes secondaires est de -41 dB permet d'augmenter la dynamique du système par rapport à la fenêtre rectangulaire.

- *La fenêtre de Hanning*: La résolution temporelle est la même que la fenêtre de Hamming. Le niveau des lobes secondaires est de -31 dB.

- *La fenêtre de Blackman* a la meilleure dynamique égale à 57 dB. Par contre la résolution temporelle est diminuée par rapport aux trois fenêtres précédentes.

Pour avoir une bonne résolution temporelle et avoir le niveau des lobes secondaires acceptable, nous avons utilisé la fenêtre de Hamming.

Résumé des caractéristiques du sondeur fréquentiel utilisant un cinq-port

On peut résumer les caractéristiques globales du système :

- Fréquence centrale : $f_0 = 2.4$ GHz.
- Bande de fréquence balayée : B = 400 MHz. Nous pouvons balayer une bande de fréquence jusqu'à 700 MHz (la bande passante des antennes).
- Pas de fréquence : Δf = 1 MHz. Ce paramètre limite la distance mesurable des trajets.

Avec un pas de fréquence de 1 MHz, nous pouvons mesurer des trajets avec des distances maximales de 300 m.
- Nombre de points de fréquence mesurés: N = 401 points. Ce paramètre limite le temps de mesure. Il dépend de la bande de fréquence balayée et du pas de fréquence.
- Mode de balayage du générateur: balayage linéaire ou mode « pas à pas ».
- Puissance émise: 14 dBm. La puissance émise est limitée par la puissance maximale du générateur RF.
- Dynamique: 41 dB. La dynamique dépend de la fenêtre de pondération.
- Résolution temporelle: de 2.5 ns à 5 ns dépendante de la fenêtre de pondération.
- Antennes: Quasi -Yagi avec une bande passante de 700 MHz.
- Gain des antennes: environ 6 dBi.
- Fréquence d'échantillonnage: 10 kHz.
- Résolution de conversion: 12 bits.

Le choix des paramètres précédents dépend de l'environnement de mesure. Précisément il dépend de la taille de la salle. Dans le cas de la communication à l'intérieur des bâtiments, les retards mesurés ne dépassent pas 250 ns, correspondant à la distance de 75m, ce qui nous conduit à choisir le pas de fréquence de 2 MHz à 4 MHz. Dans cet environnement, la résolution temporelle est sans aucun doute le paramètre le plus important. En effet, comme il existe plusieurs trajets proches, il faut donc avoir une bonne résolution temporelle de l'ordre
de 5 ns. Avec la résolution temporelle de 5 ns, on discrimine en pratique des trajets avec une différence de distance de 1.5 m.

III.2.2. Calibrage du système

Dans cette partie, une procédure qui corrige les variations d'amplitude et de phase inhérentes au système est présentée. C'est le calibrage pour éliminer les effets des câbles.

En ce qui concerne la mesure dans le domaine fréquentiel, l'atténuation causée par les câbles n'influence pas le calcul des paramètres représentatifs du canal car ils ne dépendent pas des niveaux absolus. Néanmoins, une atténuation importante dans les câbles réduit la dynamique du sondeur. De plus, les câbles introduisent un retard systématique sur la réponse impulsionnelle mesurée. Bien que ce retard n'influence pas le calcul des paramètres tel que τ_{rms} du canal, il limite la longueur des trajets c.à.d. la fenêtre d'observation de la réponse impulsionnelle. Dans le cas où nous voudrions comparer les réponses impulsionnelles simulées et mesurées, une compensation de ce retard est nécessaire.

Comme les câbles présentent des effets nuisibles dans la mesure, il faut chercher à les éliminer. Nous avons présenté dans le chapitre précédent, le calibrage du cinq-port pour obtenir les constantes de calibrage. Dans ce paragraphe, nous présentons un calibrage du système pour éliminer ces effets et qui permet de mesurer les retards absolus des trajets multiples.

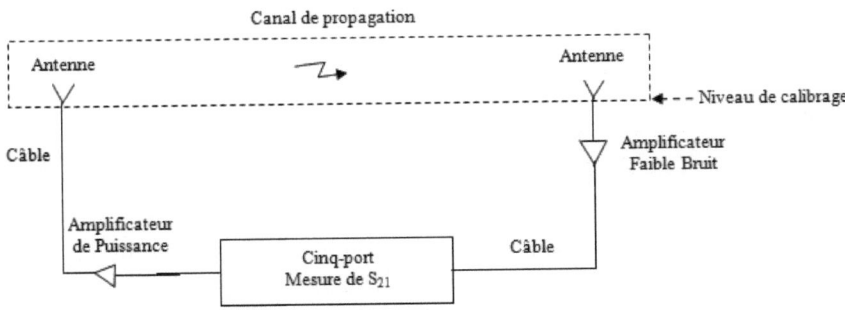

Figure 3. 21 - Schéma bloc du calibrage du système de mesure

Si H_p est la fonction de transfert du canal de propagation dans lequel les antennes sont incluses. H_{cables} est la fonction de transfert des câbles (dans ce cas H_{cables} prend en compte les câbles connectés avec l'antenne d'émission et l'antenne de réception).

Les étapes de calibrage du système sont les suivantes:

Etape 1 : Tout d'abord, le cinq-port est calibré utilisant l'une de deux méthodes de calibrage présentées dans le chapitre précédent. Les constantes de calibrage sont sauvegardées.

Etape 2 : Pour avoir la référence de phase, nous connectons les deux câbles ensemble. Nous effectuons la mesure dans la bande de fréquence choisie. Les trois tensions aux sorties du cinq-port sont obtenues à chaque fréquence. Le rapport complexe entre les deux ondes, c'est-à-dire la fonction de transfert des câbles H_{cables}, est calculé en multipliant ces tensions avec les constantes de calibrage du cinq-port :

$$H_{cables} = v_{03}.g_3 + v_{04}.g_4 + v_{04}.g_5 \qquad (3.1)$$

Etape 3: Déterminer la fonction H_P. Maintenant nous connectons les câbles avec l'antenne d'émission et l'antenne de réception. Nous mesurons la fonction de transfert du système complet dite H_{total}.

$$H_{total} = H_P.H_{cables} \qquad (3.2)$$

Nous obtenons donc :

$$H_P = \frac{H_{total}}{H_{cables}} \qquad (3.3)$$

Le calibrage en transmission correspond à une mesure du cinq-port lorsque les deux câbles sont directement reliés. Les mesures d'amplitude et de phase, pour les fréquences balayées, prennent en compte les variations dues à l'électronique, à la connectique et aux câbles. Elles sont ensuite stockées dans un fichier pour être traitées ultérieurement. Ce fichier de calibrage est utilisé pour corriger la réponse fréquentielle en amplitude et en phase.

III.3. Méthode à haute résolution appliquée à l'estimation des retards de propagation

Dans le contexte de propagation dans les bâtiments où il existe plusieurs trajets proches les uns des autres, une bonne résolution temporelle est nécessaire pour pouvoir les distinguer. Pour avoir une bonne résolution de l'ordre de 1 ns, le sondeur basé sur la technique fréquentielle et le traitement par la transformée de Fourier inverse doit balayer au moins une bande passante de 1 GHz. Le temps de balayage est important. Il est alors difficile de mesurer le canal qui varie au cours du temps. De plus, il est nécessaire d'utiliser des dispositifs large bande tels que les antennes, les amplificateurs etc. Pour diminuer le temps de balayage, il faut diminuer le nombre de points de mesure ou la bande de fréquence balayée, mais cela limite la résolution temporelle par le traitement IFFT classique. Nous allons donc appliquer une méthode à haute résolution pour estimer des retards de propagation des trajets multiples. Parmi les méthodes à haute résolution, nous avons choisi la méthode MUSIC (Multiple Signal Classification). L'algorithme MUSIC fut introduit par Schmidt en 1979 [22]. Il utilise la décomposition en vecteurs propres de la matrice de covariance du réseau d'antennes pour l'estimation des directions d'arrivée des sources en connaissant a priori l'espace signal qui est formé des vecteurs de déphasage entre les antennes en fonction de l'angle d'arrivée. Le détail de l'algorithme MUSIC est présenté dans l'annexe 4.

Nous allons montrer comment utiliser cet algorithme dans le cas d'estimation des retards de propagation. Dans le domaine temporel, un trajet de retard τ engendre un déphasage de $2\pi f \tau$ à la fréquence f. Dans notre cas, nous avons mesuré N points de fréquence. Supposons qu'il y ait K trajets, et que le signal émis soit à spectre plat et que le canal soit non sélectif en fréquence, le signal mesuré à la fréquence f_i s'écrit alors:

$$x_i(t) = \sum_{k=1}^{K} s_k(t)\exp(-j2\pi f_i \tau_k) + n_i(t) \qquad (3.4)$$

$s_k(t)$ est l'enveloppe complexe du k-ième signal mesuré et $n_i(t)$ est le bruit blanc.

En utilisant la notation vectorielle, nous pouvons exprimer l'expression (3.4) sous la forme:

$$X(t) = A.S(t) + N(t) \qquad (3.5)$$

Avec:

$$X(t) = [x_1(t) \quad x_2(t) \quad \cdots \quad x_n(t) \quad \cdots \quad x_N(t)]^T \qquad (3.6)$$

$$S(t) = [s_1(t) \quad s_2(t) \quad \cdots \quad s_k(t) \quad \cdots \quad s_K(t)]^T \qquad (3.7)$$

$$N(t) = [n_1(t) \quad n_2(t) \quad \cdots \quad n_n(t) \quad \cdots \quad n_N(t)]^T \qquad (3.8)$$

A est la matrice de dimension $N \times K$ des vecteurs « modes » associés aux K trajets.

$$A = [a(\tau_1) \quad a(\tau_2) \quad \ldots \quad a(\tau_K)] \qquad (3.9)$$

Le vecteur mode pour un signal de retard τ s'écrit :

$$a(\tau) = [e^{-j2\pi f_1 \tau} \quad e^{-j2\pi f_2 \tau} \quad \ldots \quad e^{-j2\pi f_n \tau} \quad \ldots \quad e^{-j2\pi f_N \tau}] \qquad (3.10)$$

$$f_i = f_1 + (i-1)\Delta f \quad \text{pour } i = 1,..N$$

N est le nombre de points de fréquence mesurés et Δf est le pas de fréquence.

Nous voyons que l'équation (3.5) a la même forme que dans le cas d'une formulation du problème pour estimer les directions d'arrivée par un réseau d'antennes. Nous pouvons donc appliquer l'algorithme MUSIC pour l'estimation des retards de propagations.

On va supposer dans la suite que $E\{N(t)N^H(t)\} = \sigma_o^2 .I$. Nous ne pouvons pas justifier théoriquement cette hypothèse. Cependant, les résultats de simulation et ceux de mesure montrent que l'algorithme MUSIC utilisant cette hypothèse est valable. σ_o^2 est la puissance du bruit identique pour toutes les fréquences et I est la matrice identité $K \times K$. En supposant également que les bruits sont décorrélés aux différents instants et aux différentes fréquences. Pour une série de T observations $\{X(t_1), X(t_2), \cdots, X(t_T)\}$ la matrice de covariance des signaux est donnée par:

$$R_{xx} = E\{X(t)X^H(t)\} = \frac{1}{T}\sum_{t=1}^{T} X(t)X^H(t) = A.R_s A^H + \sigma_o^2 I \qquad (3.11)$$

Où : $X^H(t)$ est le transposé conjugué de $X(t)$.
R_s est la matrice covariance du vecteur signal: $R_s = E\{S(t)S^H(t)\}$.

Nous exprimons les valeurs propres et les vecteurs propres correspondants de la matrice de covariance R_{xx} comme suit:

- valeurs propres: $\{\mu_1 \geq \mu_2 \geq \cdots \geq \mu_N\}$
- vecteurs propres: $\{e_1 \cdots e_N\}$

- **Cas des signaux non corrélés:**

Dans le cas des signaux non corrélés, les deux propriétés suivantes sont satisfaites:

1. La valeur propre minimale de R_{xx} est équivalente à σ_o^2 :

$$\mu_1 \geq \mu_2 \geq \cdots \geq \mu_K > \mu_{K+1} = \mu_{K+2} = \cdots = \mu_N = \sigma_0^2$$

Grâce à l'expression $\mu_K > \mu_{K+1} = \mu_{K+2} = \cdots = \mu_N = \sigma_0^2$, le nombre de signaux K est déterminé.

2. Les vecteurs propres correspondants aux valeurs propres minimales sont orthogonaux aux colonnes de la matrice A.

$$\{e_{K+1} \cdots e_N\} \perp \{a(\tau_1) \cdots a(\tau_K)\}$$

Nous définissons E_N comme une matrice de dimension $N \times (N-K)$ dont les colonnes sont $N-K$ vecteurs propres du bruit. Nous pouvons donc estimer les retards de propagation en cherchant les positions des pics de la fonction suivante [22] :

$$P_{MUSIC}(\tau) = \frac{a(\tau)^H a(\tau)}{a(\tau)^H . E_N . E_N^H a(\tau)} \qquad (3.12)$$

- *Cas des signaux corrélés:*

L'algorithme MUSIC est applicable quand les signaux incidents sont décorrélés ou faiblement corrélés. Dans le cas des trajets multiples en sondage de canal, les signaux sont fortement corrélés.
L'algorithme MUSIC ne fonctionne plus. En effet, les propriétés 1 et 2 sont valables quand la matrice R_S est non singulière. Cependant, les signaux $s_1(t), s_2(t), \ldots, s_K(t)$ sont corrélés dans ce cas. La matrice R_S est singulière. Une étape de décorrélation doit être appliquée avant de l'utilisation de l'estimateur MUSIC. Plusieurs méthodes ont été proposées [9][23][24]. Nous avons utilisé un lissage spatial [23] et un lissage spatial modifié [24] afin de décorréler les signaux.

Lissage spatial

La figure 3.22 montre le principe de la technique du « lissage spatial » effectuée dans le domaine fréquentiel. Cette technique consiste à subdiviser le réseau initial de N fréquences en sous-réseaux de $N_{subFreq}$ fréquences et à calculer la moyenne des matrices de covariance. Cette technique est appliquée directement à la matrice de covariance R_{XX} du vecteur des données.

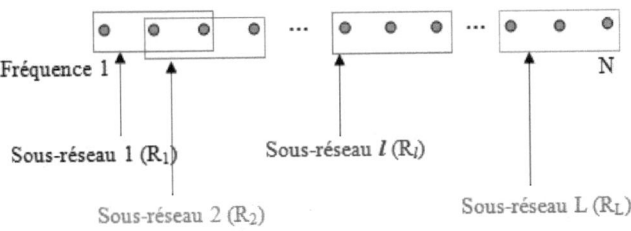

Figure 3. 22 - Lissage spatial: découpage en sous-réseaux

Si R_l est la matrice de covariance du l-ième sous-réseau. Le lissage spatial utilise la matrice suivante comme la matrice de

$$R_{SSP} = \sum_{l=1}^{L} R_l \qquad (3.13)$$

$$R_{MSSP} = \frac{1}{2L}\sum_{l=1}^{L}\left(R_l + J.R_l^H.J\right) \qquad (3.14)$$

L est le nombre de sous-réseaux : L= M - $N_{subFreq}$ +1.
H dénote complexe conjugué.

J est la matrice d'échange:
$$J = \begin{bmatrix} 0 & \cdots & 0 & 1 \\ \vdots & & 1 & 0 \\ & & \cdot^{\cdot^{\cdot}} & \\ 0 & 1 & & \vdots \\ 1 & 0 & \cdots & 0 \end{bmatrix}$$

Ces deux techniques suppriment la corrélation entre les signaux [23][24]. Les deux propriétés 1 et 2 sont valables. Nous pouvons donc utiliser l'algorithme MUSIC pour l'estimation des retards de propagation des trajets multiples en utilisant l'expression (3.12).

Les puissances de trajets

L'amplitude ou puissance de chaque trajet est directement donnée par la réponse impulsionnelle obtenue à partir d'une transformée de Fourier inverse de la fonction de transfert mesurée dans la bande de fréquence choisie. Cependant, ce n'est pas le cas de l'utilisation de l'algorithme MUSIC. Dans ce cas, les retards sont obtenus après avoir cherché les maxima du pseudo spectre. Les informations de puissance des trajets sont contenues dans la matrice R_S. Dans la relation (3.11), A est calculée après l'estimation des retards et σ_o^2 est estimée comme la valeur propre de R_{XX} la moins importante. Les vecteurs directionnels et les valeurs propres du bruit sont dont connus, il est possible de calculer les puissances de tous les trajets individuels. A partir de la relation (3.11), la matrice de covariance R_S est donnée comme suit:

$$R_S = (A^H A)^{-1} A^H (R_{XX} - \sigma_o^2.I).A.(A^H A)^{-1} \qquad (3.15)$$

III.4. Résultats de simulation et de mesure

III.4.1. Résultats de Simulation

Pour valider le principe de fonctionnement du système proposé, nous l'avons simulé avec le logiciel ADS (Advanced Design System) d'Agilent. Dans cette simulation, le canal de propagation est représenté par 4 trajets de retards 50 ns, 71 ns, 100 ns et 125 ns. La figure 3.23 présente le schéma du système simulé avec ADS. Les résultats de simulation en utilisant IFFT et l'algorithme MUSIC sont présentés sur les figures 3.24a et 3.24b respectivement. Nous voyons que, dans le cas d'utilisation de l'IFFT avec la fenêtre de Hamming, quatre trajets des 50 ns, 70 ns, 100 ns et 125 ns sont identifiés. Le trajet 2 de 70 ns est estimé. Il est limité par la résolution temporelle du système.

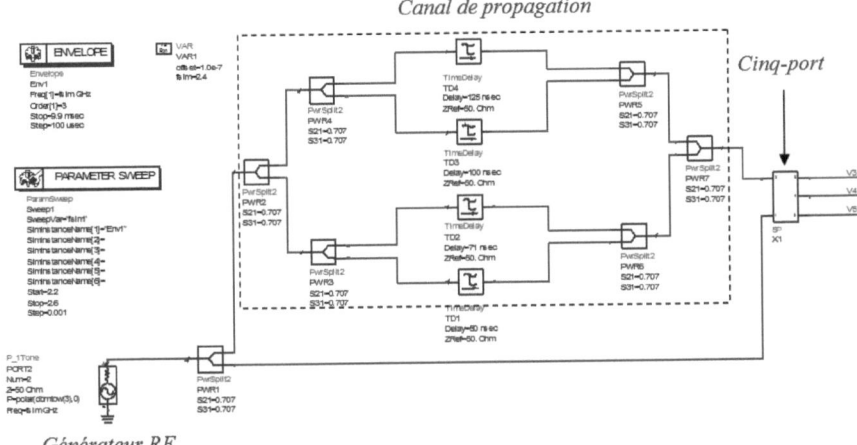

Figure 3. 23 - Simulation du sondeur avec le logiciel ADS

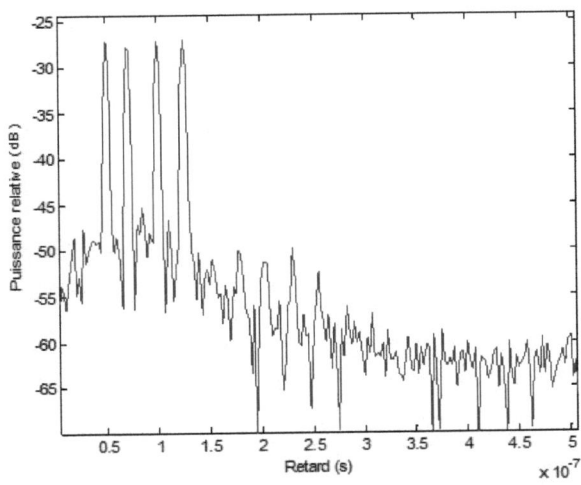

Figure 3. 24a - Résultat de simulation : Estimation de quatre trajets par la transformée de Fourier inverse (IFFT)

Dans le cas d'utilisation de l'algorithme MUSIC associé à un lissage spatial avec 300 sous-réseaux, quatre trajets sont exactement estimés. Sur cette figure l'axe Y correspond au Pseudo- Spectre de la fonction P_{MUSIC} (ensemble des valeurs propres).

- 103 -

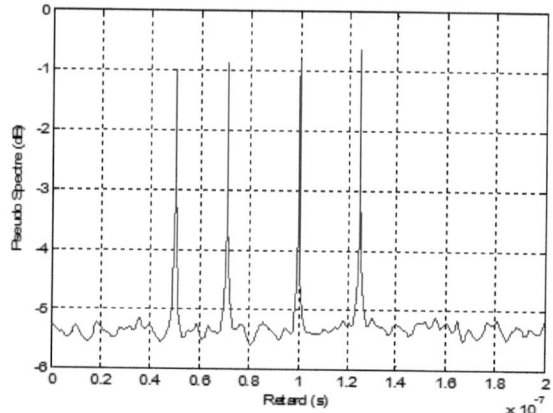

Figure 3. 24b - Résultat de simulation : Estimation de quatre trajets par l'algorithme MUSIC

III.4.2. Résultats de mesure

Dans cette partie, nous présentons le premier résultat mesuré en utilisant des câbles pour représenter les trajets. Les résultats un utilisant quatre câbles de 2 m, 4m, 6m et 7.5m correspondent à un retard de 9 ns, 18 ns, 27 ns et 33.5 ns (mesuré par l'analyseur de réseau) est montré sur les figures 3.25a et 3.25b. L'estimation par IFFT en utilisant la fenêtre de Hamming et avec la MUSIC donne 9ns, 19ns, 27.5ns et 35 ns. La méthode de lissage spatial est utilisée avant l'utilisation de l'algorithme MUSIC. Dans ce cas, le nombre d'éléments dans chaque sous-réseau est de 300 (correspond à 300 points dans le domaine fréquentiel).

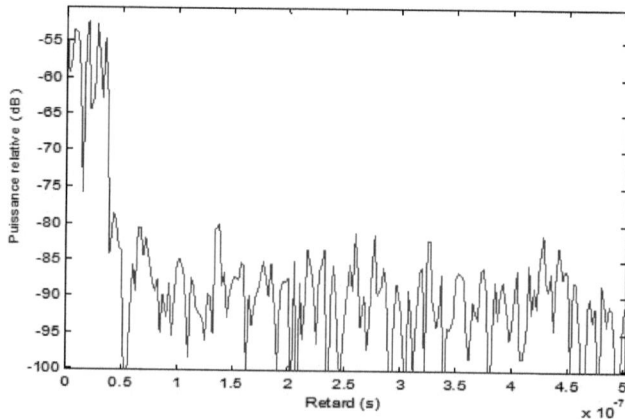

Figure 3. 25a - Estimation de quatre trajets par IFFT

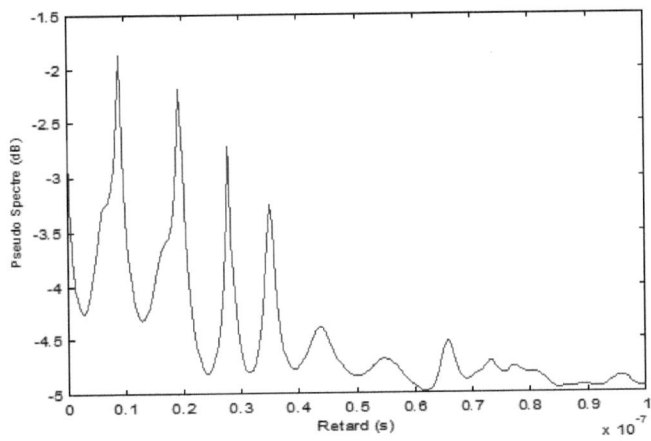

Figure 3. 25b - Estimation de quatre trajets par la méthode MUSIC

Dans la deuxième mesure, le générateur est connecté aux trois antennes émettrices qui sont positionnées à trois positions différentes. Les mesures sont effectuées sur le terrain de tennis en utilisant les absorbants pour éviter les réflexions du sol. L'environnement est donc considéré comme « une chambre anéchoïde ». Ces trois antennes émettrices représentent trois trajets multiples à mesurer par le système. Les figures 3.26a et 3.26b montrent le résultat de mesure de trois trajets de 33 ns, 45 ns et 53 ns en utilisant l'IFFT et l'algorithme MUSIC. Dans le cas de l'utilisation de l'IFFT avec la fenêtre de Hamming, trois trajets de 32.5 ns, 45 ns et 52.5 ns sont identifiés. Dans le cas de l'utilisation de l'algorithme MUSIC associé à un lissage spatial avec 300 éléments par sous-réseau, trois trajets de 33 ns, 45 ns et 52.5 ns sont correctement estimés.

Nous constatons que trois de ces trajets sont bien mesurés en utilisant l'IFFT et l'algorithme MUSIC. L'algorithme MUSIC donne une bonne résolution temporelle et un résultat plus précis par rapport au traitement IFFT classique qui est limité par la résolution temporelle.

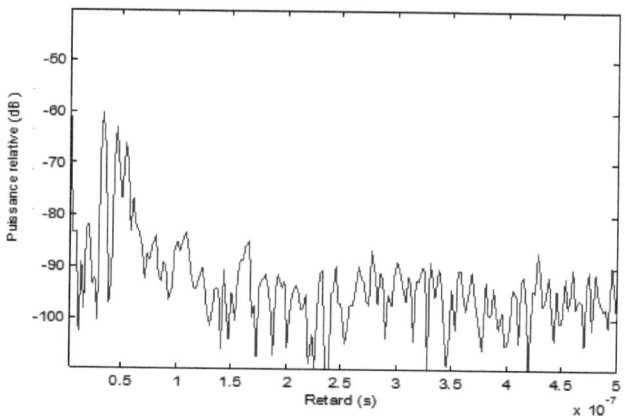

Figure 3. 26a - Estimation de trois trajets par IFFT

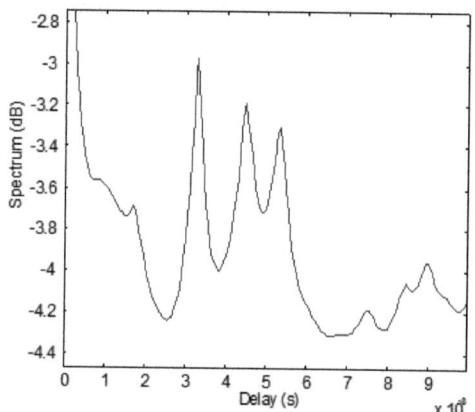

Figure 3. 26b - Estimation de trois trajets par la méthode MUSIC

Conclusion du chapitre 4

Le sondeur fréquentiel fonctionnant à 2.4 GHz pour la mesure de propagation à l'intérieur des bâtiments est développé et caractérisé dans ce chapitre. Il est basé sur le corrélateur cinq-port en technologie micro ruban. Ce sondeur est basé sur la technique fréquentielle dont le principe a été présenté dans le chapitre 1. En effet, la fonction de transfert du canal est mesurée dans la bande de fréquence de 2.2 GHz à 2.6 GHz avec un pas de 1 MHz. La réponse impulsionnelle du canal est obtenue par la transformée de Fourier inverse de la réponse fréquentielle. Les retards de propagation de trajets multiples sont estimés en utilisant la méthode à haute résolution MUSIC associé à un lissage spatial.

Pour valider le fonctionnement du système de mesure, nous l'avons simulé avec le logiciel ADS. Ensuite, pour la mesure, les trajets multiples sont simulés en utilisant des câbles et des antennes émettrices localisées dans différentes positions. Les résultats de simulation et ceux de mesure permettent d'affirmer que notre système est capable de bien mesurer les retards de propagation de trajets multiples. De plus, nous avons également présenté une méthode de calibrage du système pour éliminer les effets des câbles.

Bibliographie

[1]- P. F. M. Smulders and Anthony G.Wagemans, "Frequency-domain measurement of the milimeter wave indoor radio channel," IEEE Trans on Instrumentation and Measurement, vol.44, No.6, December 1995.
[2]- S.Salous and V.Hinostroza , "Bi-dynamic channel sounder for indoor measurement," 11th International Conference on Antennas and Propagation, April 2001.
[3]- Steven J. Howard and Kaveh Pahlavan, "Measurement and analysis of the indoor radio channel in the frequency domain," IEEE Trans on on Instrumentation and Measurement, vol.39, No.5, October 1990.
[4]- S.Salous, N.Bajj and N. Nikandrou, "Wideband channel characterisation with a chirp sounder," Institution of Electrical Engineers, 1996.
[5]- P. F. M. Smulders and A.G. Wagemans, "Wideband indoor radio propagation measurement at 58GHz," Electronics Letters, Vol.28, No.13, June 1992.
[6]- Geir Løvnes, Judite João Reis and Rune Harald Rœkken, "Channel sounder measurements at 59 GHz in city streets," PIMRC'94.
[7]- Hiroyoshi Yamada, Manabu Ohmiya, Yasukata Ogawa and Kiyohiko Itoh, "Superrsolution Techniques for Time-Domain Measurement with a Network Analyzer," IEEE Trans. on Antennas and Propagation, Vol .39, No.2, Feb 1991.
[8]- Takeshi Manabe, Kazumasa Taira, Toshio Ihara, Yoshinori Kasashima and Katsunori Yamaki, "Multipath measurement at 60 GHz for indoor wireless communication systems," IEEE 1994. pp 905-909.
[9] - H. Krim, and M. Viberg, "Two Decades of Array Signal Processing Research," *IEEE Signal Processing Magazine*, pp. 67-94, July 1996.
[10]- K.R. Dandekar, H. Ling and G. Xu, "Smart Antenna Array Calibration Procedure Including Amplitude and Phase Mismatch and Mutual Coupling Effects," IEEE ICPWC'2000, pp. 293-297, 17-20 Dec. 2000.
[11]- M. Lu, T. Lo and J. Litva, "A Physical Spatio-temporal Model of Multipath Propagation Channels," 1997 IEEE 47th Vehicular Technology Conference, vol. 2., pp. 810-814, 4-7 May 1997.
[12]- Y. Letestu, K. Mahdjoubi and A. Sharaiha, "Mutual-Coupling Decomposition in Antenna Arrays," Microwave and Optical Tech. Letters, vol. 43, no. 5, pp. 403-406, Dec. 2004

[13]- S. Zwierzchowski and P. Jazayeri, "Derivation and Determination of the Antenna Transfer Function for Use in Ultra-Wideband Communications Analysis," Wireless 2003, Cargaly, Albata, Canada, pp. 533-543, July 7-9, 2003

[14]- S. Zwierzchowski and P. Jazayeri, "A Systems and Network Analysis Approach to Antenna Design for UWB Communications," IEEE Antennas and Propagation Society International Symposium 2003, vol. 1, pp. 826-829, June 22-27, 2003

[15]- S. Zwierzchowski and M. Okoniewski, "Antennas for UWB Communications: A Novel filtering Perspective," IEEE Antennas and Propagation Society Symposium 2004, vol. 3, pp. 2504-2507, 20-25 June 2004

[16]- S. Promwong, W. Hachitani and J. Takada, "Free Space Link Budget Evaluation of UWB-IR Systems," IEEE International Workshop on UWBST & IWUWBS. 2004, pp. 312-316, 18-21 May 2004

[17]- X. Qing and Z. N. Chen, "Transfer Functions Measurement for UWB Antenna," IEEE Antennas and Propagation Society Symposium 2004, vol. 3, pp. 2532-2535, 20-25 June 2004

[18]- H.T. Friis, "A Note on a Simple Transmission Formula," Proc. IRE, vol. 34, no. 5, pp. 254-256, May 1946

[19]- S. Ishigami, H. Iida and T. Iwasaki, "Measurements of Complex antenna Factor by the Near-Field 3-Antenna Method," IEEE Trans. Electromagnetic Com., vol. 38, no. 3, pp. 424-432, July 1992

[20]- H.Yagi, "Beam transmission of the ultra short waves, " Proceedings of IRE, vol.16, Jun. 1928, pp. 715-741.

[21]- Y. Qian, W.R. Deal, N. Kaneda and T. Itoh, "Microstrip-fed quasi-yagi antenna with broadband characteristics," Electronic Letters, vol. 34, no. 23, pp. 2194-2196, Nov. 1998.

[22]- RALPH O. SCHMIDT, "Multiple Emitter Location and Signal Parameter Estimation," IEEE Trans on Antennas and Propagation, vol.AP-34, No.3, March 1986.

[23]- T. J. Shan, M. Wax and T. Kailath, "On spatial smoothing for direction-of-arrival estimation of coherent signals," IEEE Trans on Acoust., Speech, Signal Processing, vol. ASSP-33, pp.806-811, aug.1985.

[24]-R.T.Williams, S.Prasad, A.K.Mahalanabis, and L.H.Sibul, "An improved spatial smoothing technique for bearing estimation in a multipath environment," IEEE Trans. Acoust., Speech, Signal Processing, vol.36, pp.425-432, April 1988.

[25]- G. Neveux, B. Huyart, J. Rodrigez, "Noise figure of a five-port system," *European Conference on Wireless Technology 2002*, MILAN, septembre 2002.

[26]- James Sor, "Analysis of the Quasi-Yagi antenna for phased-array applications," M.S. Thesis, University of California Los Angeles.

[27]- William R. Deal, Noriaki Kaneda, James Sor, Yongxi Qian and Tatsuo Itoh, "A New Quasi-Yagi Antenna for Planar Active Antenna Arrays," *IEEE Trans on Microwave Theory and Techniques*, vol. 48, No. 6, June 2000

[28]- T. C. Edwards, "Foundations for Microstrip Circuit Design," John Wiley & Sons 1982.

[29]- National Instruments,"SC-2040 User Manual: Eight-Channel Simultaneous Sample-and Hold Accessory".
[30]- National Instruments, "PCI E series User Manual: Multifunction I/O Boards for PCI Bus Computers,".
[31]- HMC287MS8: GaAs MMIC LOW NOISE AMPLIFIER with AGC, 2.3 - 2.5 GHz [HITTITE].
[32]- http://www.alldatasheet.com/datasheet-pdf/pdf/HITTITE/HMC286.html.

Chapitre 4

Sondeur de canal multi-capteur utilisant les cinq-ports

Introduction

Le sondeur SISO présenté dans le chapitre précédent mesure seulement les retards de propagation de trajets multiples. Pour un retard τ donné, le signal reçu peut être la contribution de plusieurs trajets ayant le même retard. Une autre façon élégante de les distinguer consiste à utiliser les paramètres angles d'arrivée. La caractérisation angulaire du canal est donc une information importante, surtout pour les applications utilisant les antennes adaptatives. Dans ce chapitre, nous proposons un système de mesure utilisant les cinq-ports et un réseau d'antennes en réception. Il permet de mesurer simultanément les angles d'arrivée et les retards des signaux RF en général et de trajets multiples dans un contexte de sondage de canal. Dans un premier temps, nous mesurons des directions d'arrivée des signaux RF dans le plan azimutal. Un réseau planaire composé de 8 antennes quasi-Yagi utilisé en réception permettant de mesurer les directions d'arrivée de trajets multiples non seulement dans le plan azimutal mais également dans le plan d'élévation sera ensuite présenté. Ceci permet alors de caractériser en trois dimensions le canal de propagation. Ensuite, nous détaillons les mesures conjointes des directions d'arrivée dans le plan azimutal et des retards de propagation de trajets multiples, ce qui nous permet de caractériser spatio-temporellement le canal de propagation. L'estimation conjointe des directions d'arrivée et des retards de propagation permet de détecter un nombre de sources supérieur au nombre d'antennes.

IV.1. Système de mesure

Le système de mesure est présenté dans la figure 4.1. Le signal CW à la sortie du générateur RF est amplifié et transmis par une antenne émettrice. En réception, un réseau de 8 antennes quasi Yagi fonctionnant à 2.4 GHz a été utilisé comme élément rayonnant du système de détection. La séparation entre deux éléments consécutifs est $d = \lambda/2$ à la fréquence 2.4 GHz. Les antennes sont alignées dans un axe horizontal parallèle au plan H. Le réseau d'antennes est soit un réseau linéaire uniforme dans le cas de mesure des directions d'arrivée et des retards de propagation, soit un réseau planaire pour la mesure des directions d'arrivée dans le plan azimutal et le plan d'élévation. Chaque antenne intégrée avec un amplificateur faible bruit ayant un gain de 20 dB dans la bande de fréquence de 200 MHz autour de 2.4 GHz est connectée à l'accès RF de chaque cinq-port (CP). Chaque sortie du cinq-port est connectée à un échantillonneur/bloqueur (E/B) afin d'assurer des mesures simultanées même en n'utilisant qu'un seul convertisseur analogique numérique de 12 bits dans une carte d'acquisition. Nous avons 8 antennes et 8 cinq-ports en réception. Le nombre total de voies en sortie est donc 24. Ces 24 voies en sortie des cinq-ports sont connectées aux trois cartes SC2040. Chaque SC2040 contenant huit E/Bs assure la simultanéité de la conversion analogique/numérique entre les canaux. Pour que les 24 voies soient simultanément échantillonnées, la synchronisation entre les trois SC2040s doit être assurée. Ceci est garanti par le trigger externe. La figure 4.2 présente la photo des CPs et des E/Bs. Les tensions en sortie des CPs sont mesurées simultanément et elles sont stockées dans les fichiers pour un traitement ultérieur.

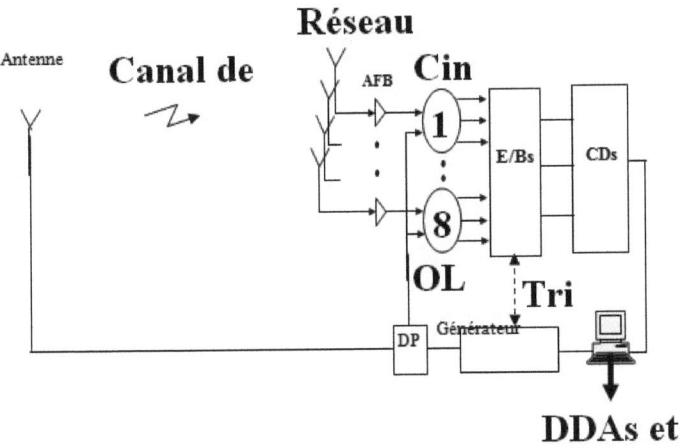

Figure 4. 1 - Système de mesure

DP: Diviseur de Puissance ; AFB: Amplificateur Faible Bruit; CDs : Trois cartes d'acquisitions

Figure 4. 2 - Photo des corrélateurs CPs et des E/Bs

Figure 4. 3 - *Photo du système de mesure complet*

La photo du système de mesure complet est montrée sur la figure 4.3. Nous allons montrer comment mesurer les angles d'arrivée dans le plan azimutal et dans le plan d'élévation. Ces mesures d'angles sont effectuées à une seule fréquence: 2.4 GHz. La caractérisation large bande du canal de propagation, permettant de mesurer simultanément des directions d'arrivée et des retards de propagation est ensuite présentée.

IV.2. Mesure des directions d'arrivée dans le plan azimutal avec un réseau d'antennes et un réseau de cinq-ports

Pour comprendre le principe de fonctionnement du système, nous commençons par le cas simple où il n'existe qu'un seul signal arrivant sur un réseau de deux antennes et deux cinq-ports (CP).

IV.2.1. Cas simple: un seul trajet, un réseau de deux antennes et de deux CPs

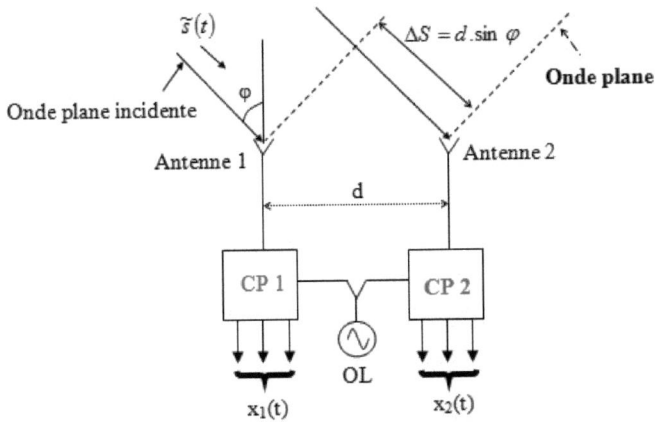

Figure 4. 4 - Réseau d'antennes et cinq-ports

Dans un milieu homogène où la condition du champ lointain est vérifiée, un signal $\tilde{s}(t)$ arrive à un réseau de deux antennes omnidirectionnelles avec un angle azimutal φ (voir figure 4.4). Chaque antenne est connectée à un cinq-port jouant le rôle de démodulateur direct des signaux RF.

Le signal passe bande $\tilde{s}(t)$ reçu par l'élément 1 peut être écrit comme suit [14]:

$$\tilde{s}_1(t) = A_1(t).\cos(2\pi f_0 t + \gamma(t) + \beta) \quad (4.1)$$

$A_1(t)$ est l'amplitude du signal.
f_0 est la fréquence porteuse.
$\gamma(t)$ est l'information.
β est une phase aléatoire.

L'enveloppe complexe du signal reçu par l'élément 1 est donc:

$$s_1(t) = A_1(t) e^{j(\gamma(t)+\beta)} \quad (4.2)$$

Le signal passe bande reçu par l'élément 1 est lié à son enveloppe complexe comme suit:

$$\tilde{s}_1(t) = \text{Re}\{s_1(t) e^{j2\pi f_0 t}\} \quad (4.3)$$

Ce signal arrive à l'élément 2 en parcourant une distance supplémentaire de $d.\sin\varphi$. Le retard introduit par cette distance est donné par:

$$\tau_{1,2} = \frac{\Delta S}{c} = \frac{d.\sin\varphi}{c} \quad (4.4)$$

Le signal reçu par l'élément 2 est donc:

$$\tilde{s}_2(t) = \tilde{s}_1(t - \tau_{1,2}) = A_1(t - \tau_{1,2})\cos(2\pi f_0(t - \tau_{1,2}) + \gamma(t - \tau_{1,2}) + \beta) \quad (4.5)$$

Si la fréquence porteuse f_0 est très supérieure à la bande passante du signal reçu (condition de bande étroite, voir annexe 3), le signal peut être considéré quasi-stationnaire pendant l'intervalle $\tau_{1,2}$. Nous pouvons donc écrire:

$$\tilde{s}_2(t) = A_1(t)\cos(2\pi f_0 t - 2\pi f_0 \tau_{1,2} + \gamma(t) + \beta) \quad (4.6)$$

L'enveloppe complexe du signal reçu par l'élément 2 peut s'écrire:

$$s_2(t) = A_1(t)\cos(-2\pi f_0 \tau_{1,2} + \gamma(t) + \beta) = s_1(t)e^{j(-2\pi f_0 \tau_{1,2})} \quad (4.7)$$

Nous constatons que l'effet du retard du signal peut être représenté par un déphasage de $e^{-j2\pi f_0 \tau_{1,2}}$.

En remplaçant l'équation (4.4) dans l'équation (4.7), nous obtenons:

$$s_2(t) = s_1(t)e^{j\left(-2\pi f_0 \frac{d.\sin\varphi}{c}\right)} = s_1(t)e^{-j\left(2\pi\frac{d}{\lambda}\sin\varphi\right)} = s_1(t)e^{-j\Delta\Psi} \quad (4.8)$$

L'équation (4.8) montre que la différence de phase entre le signal reçu par l'antenne 1 et celui reçu par l'antenne 2 est une fonction de l'angle d'arrivée φ, de la longueur d'onde λ et de la distance entre les deux antennes d:

$$\Delta\Psi = \frac{2\pi d}{\lambda}\sin\varphi \quad (4.9)$$

La direction d'arrivée sera donc:

$$\varphi = \arcsin(\frac{\Delta\Psi}{\pi}) \quad (4.10)$$

Comme nous l'avons montré au chapitre 2, l'enveloppe complexe du signal émis $s(t)$ est déterminée à partir des trois tensions mesurées en sortie et les constantes de calibrage de chaque cinq-port (équation 2.57).

Les enveloppes complexes du signal émis obtenues par les cinq-port 1 et 2 sont:

$$\begin{cases} x_1(t) = s_1(t) = A_1.e^{j\Psi_1} \\ x_2(t) = s_2(t) = A_2.e^{j\Psi_2} \end{cases} \quad (4.11)$$

La différence de phase entre les signaux reçus par les antennes 1 et 2 est déterminée par la différence de phase entre les enveloppes complexes $x_1(t)$ et $x_2(t)$:

$$\Delta\Psi = \Psi_2 - \Psi_1 \quad (4.12)$$

La connaissance de cette différence de phase $\Delta\Psi$ permet de déterminer la direction d'arrivée à l'aide de l'équation (4.10).

IV.2.2. Cas général: K signaux, un réseau de M antennes et de M cinq-ports

Dans le cas général, supposons qu'il y a K signaux passe bande $\tilde{s}_1(t), \tilde{s}_2(t),...,\tilde{s}_K(t)$ à la fréquence f_0. Ces signaux sont captés par un réseau composé de M antennes omnidirectionnelles avec des directions d'arrivée φ_k (k = 1,2,...K). Ces signaux peuvent être soit non corrélés comme dans le cas de plusieurs utilisateurs, soit tout à fait corrélés comme dans le cas de trajets multiples. En supposant que l'antenne 1 est prise pour référence.

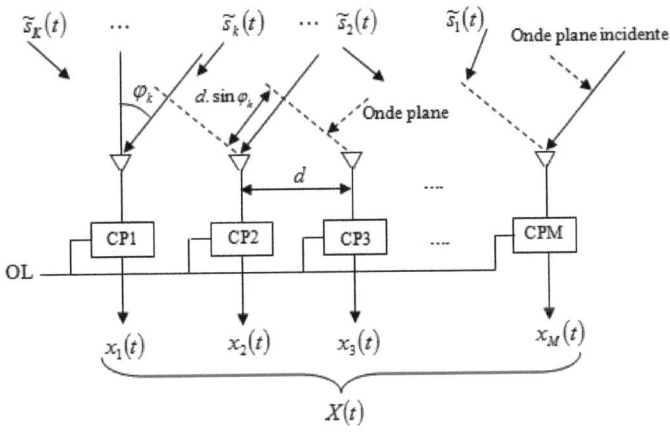

Figure 4. 5 - Récepteur basé sur les CPs

Le signal reçu du réseau est une superposition de tous ces signaux et du bruit. En utilisant la représentation complexe du signal, nous pouvons exprimer le vecteur de données en bande de base $X(t)$ reçu des M antennes comme suit:

$$X(t) = \sum_{k=1}^{K} a(\varphi_k) s_k(t) + N(t) \quad (4.13)$$

- $X(t)$ est le vecteur de données en bande de base du réseau ou vecteur des observations, représentant les enveloppes complexes des K signaux mesurées par le réseau de M cinq-ports:

$$X(t) = [x_1(t) \quad x_2(t) \quad \cdots \quad x_m(t) \quad \cdots \quad x_M(t)]^T \quad (4.14)$$

T représente la transposée
- $s_k(t)$ est l'enveloppe complexe du k-ième signal émis.
- $N(t)$ est le vecteur du bruit:

$$N(t) = [n_1(t) \quad n_2(t) \quad \cdots \quad n_m(t) \quad \cdots \quad n_M(t)]^T \quad (4.15)$$

Et $a(\varphi_k)$ est le vecteur directionnel du k-ième signal:

$$a(\varphi_k) = [1 \quad e^{-j\frac{2\pi d}{\lambda}\sin\varphi_k} \quad \cdots \quad e^{-j\frac{2\pi d}{\lambda}(m-1)\sin\varphi_k} \quad \cdots \quad e^{-j\frac{2\pi d}{\lambda}(M-1)\sin\varphi_k}]^T \quad (4.16)$$

En notation matricielle, l'équation (4.13) devient:

$$X(t) = A(\varphi).S(t) + N(t) \quad (4.17)$$

Où $A(\varphi)$ est la matrice réponse du réseau d'antennes de dimension $M \times K$ formée par la concaténation des K vecteurs directionnels:

$$A(\varphi) = [a(\varphi_1) \quad a(\varphi_2) \quad \cdots \quad a(\varphi_k) \quad \cdots \quad a(\varphi_K)] \quad (4.18)$$

$S(t)$ est le vecteur contenant les enveloppes complexes de ces K signaux:

$$S(t) = [s_1(t) \quad s_2(t) \quad \cdots \quad s_k(t) \quad \cdots \quad s_K(t)]^T \quad (4.19)$$

En supposant que le bruit soit décorrélé entre les éléments. La matrice de covariance du vecteur $X(t)$ peut être décomposée comme suit:

$$R_X = E\{X(t).X^H(t)\} = A.R_S.A^H + \sigma_0^2.I \quad (4.20)$$

où R_S est la matrice de covariance du vecteur signal, σ_0^2 est la puissance du bruit, I est la matrice identité $K \times K$.

A partir de la composition de la matrice de covariance R_X, une méthode à haute résolution peut être mise en oeuvre pour l'estimation des DDAs. Nous avons choisi d'utiliser l'algorithme MUSIC (Multiple Signal Classification) qui est le plus souvent utilisé dans ce type d'applications [7]. La performance au niveau de la résolution de cette méthode est meilleure par rapport aux autres méthodes [16]. Cet algorithme suppose que les sous-espaces bruit et signal sont orthogonaux. Ces sous-espaces sont trouvés à partir des vecteurs propres de la matrice covariance R_X. Les K vecteurs propres associés aux K valeurs propres les plus importantes forment le sous-espace signal et les M-K vecteurs propres associés aux M-K valeurs propres les moins importantes forment le sous-espace bruit. Comme démontré dans les références [4][7], le sous-espace signal peut être aussi engendré par le vecteur directionnel et par conséquent, l'estimation MUSIC peut être défini par :

$$P_{MUSIC} = \frac{a^H(\varphi)a(\varphi)}{a^H(\varphi)E_N E_N^H a(\varphi)} \quad (4.21)$$

où E_N représente les vecteurs propres associés au sous-espace bruit.

Lissage spatial

Comme nous l'avons vu au chapitre 3, dans le cas où des trajets multiples ont lieu dans le canal de propagation, les signaux sont fortement corrélés et l'algorithme MUSIC ne fournit pas de résultats satisfaisants. Il est indispensable de décorréler les signaux avant d'utiliser MUSIC. Pour ce faire, nous avons aussi utilisé un lissage spatial et un lissage spatial modifié. Dans le cas de réseau d'antennes, la technique de lissage consiste à subdiviser le réseau initial de **M antennes**, au lieu de **N fréquence** dans le cas de l'estimation des retards de propagation, en L sous-réseaux et à calculer la moyenne des matrices de covariance.

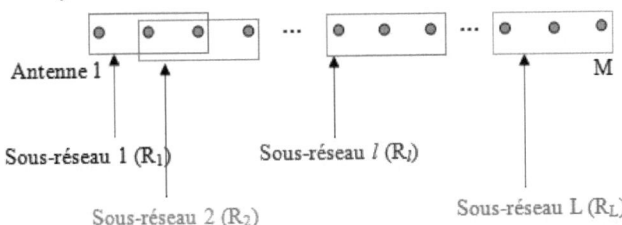

Figure 4. 6 - Principe du lissage spatial: subdivision en sous-réseaux

Les matrices de covariance R_{SSP} pour le lissage spatial et R_{MSSP} pour le lissage spatial modifié peuvent être calculées comme suit dans les deux cas:

$$R_{SSP} = \frac{1}{L}\sum_{l=1}^{L} R_l \quad (4.22)$$

$$R_{MSSP} = \frac{1}{2L}\sum_{l=1}^{L}(R_l + J.R_l^H.J) \quad (4.23)$$

R_l est la matrice de covariance du sous-réseau l.
J est une matrice d'échange:

$$J = \begin{bmatrix} 0 & \cdots & 0 & 1 \\ \vdots & & 1 & 0 \\ & \cdot\cdot\cdot & & \\ 0 & 1 & & \vdots \\ 1 & 0 & \cdots & 0 \end{bmatrix}$$

L est le nombre total de sous réseaux: $L = M - N_{subAntenna} + 1$ avec $N_{subAntenna}$ est le nombre d'élément d'antennes dans chaque sous réseau. Pour estimer correctement les DDAs, les deux conditions suivantes doivent toujours être satisfaites:

$$\begin{cases} N_{subAntenna} > K \\ L \geq K \end{cases} \qquad (4.24)$$

A partir de cette matrice de covariance R_{SSP} ou R_{MSSP}, les valeurs propres et les vecteurs propres sont décomposés. L'algorithme MUSIC est ensuite appliqué pour l'estimation des DDAs en utilisant la formule (4. 21).

IV.2.3. Résultats de simulation

Nous avons simulé le système avec le logiciel ADS (Advanced Design System) d'Agilent Technology. Le système est composé de huit cinq-ports en technologie micro ruban fonctionnant à 2.4 GHz. Dans cette simulation, les angles d'arrivée des signaux sont simulés par les déphaseurs. Les tensions aux sorties des CPs sont récupérées. Les rapports complexes entre le signal RF et le signal d'OL de chaque CP sont ensuite calculés. Les DDAs sont estimées en utilisant le traitement présenté ci-dessus. Nous avons simulé le système dans les cas de signaux non corrélés et corrélés. Les signaux non corrélés sont simulés en utilisant différents générateurs RF émettant des signaux légèrement décalés en fréquence (typiquement 1 KHz). Par contre, dans le cas de signaux corrélés, on utilise un seul générateur suivi un diviseur de puissance, permettant de simuler plusieurs trajets. Dans chacune de ces simulations, on prélève 100 échantillons que l'on traite à l'aide de l'algorithme MUSIC.

- *Cas de signaux non corrélés:*

Quatre signaux non corrélés avec des DDAs de -16°, 6.5°, 6.5° et 16° sont simulés. Les angles d'arrivée en azimut estimés par l'algorithme MUSIC sont présentés sur la figure 4.7. Quatre trajets avec des DDAs de -15°, 6°, 6° et 15° sont détectés, soit une erreur maximale de 1°.

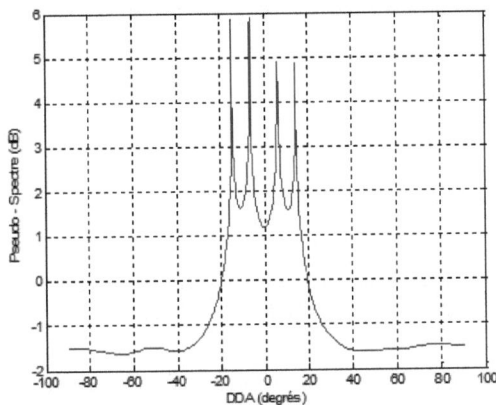

Figure 4. 7 - Résultats de simulation avec le logiciel ADS en présence de quatre DDAs

- *Cas de signaux corrélés:*

Quatre signaux corrélés avec des DDAs de -16°, 6.5°, 6.5° et 16° sont simulés. Dans ce cas, nous appliquons le lissage spatial et le lissage spatial modifié pour la décorrélation des signaux avant d'utiliser l'algorithme MUSIC. La figure 4.8a présente les résultats obtenus par MUSIC seul et par MUSIC associé au lissage spatial. Nous voyons que les quatre trajets ne sont pas du tout identifiés dans le cas d'utilisation de MUSIC seul et qu'ils sont précisément estimés avec DDAs de -16°, 6.5°, 6.5° et 16° lorsque le lissage spatial est appliqué. Dans ce cas, le nombre de sous-réseaux L est égal à 4.

Les résultats d'estimation avec MUSIC seul et MUSIC associé au lissage spatial modifié avec L= 4 sont montrés sur la figure 4.8b. Nous constatons que les quatre trajets avec des DDAs de -16°, 6.5°, 6.5° et 16° sont nettement mis en évidence si le lissage spatial modifié est employé. Il n'est toujours pas possible de détecter ces quatre trajets avec l'algorithme MUSIC seul.

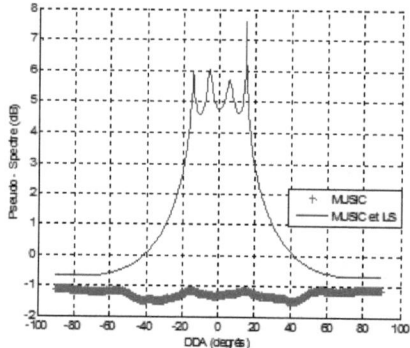
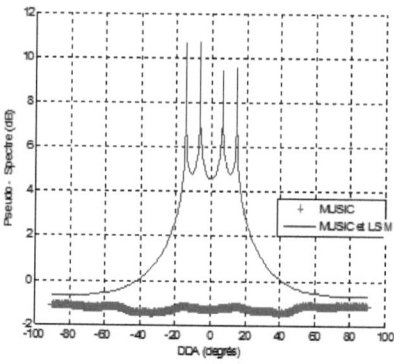

Figure 4. 8a - Résultats d'estimation des 4 signaux corrélés par MUSIC seul et par MUSIC associé à lissage spatial

Figure 4. 8b - Résultats d'estimation des 4 signaux corrélés par MUSIC seul et par MUSIC associé à lissage spatial modifié

IV.2.4. Résultats de mesure

Les mesures sont effectuées dans une salle où des absorbants sont utilisés pour éviter les réflexions. Ainsi, il est possible de considérer cet environnement comme non réflectif. Pour simuler plusieurs signaux non corrélés ou corrélés, nous utilisons des antennes émettrices directives placées dans différentes positions, qui représentent les différents angles d'arrivée que nous voulons estimer. Dans ces mesures, les DDAs sont estimés par l'estimateur MUSIC en utilisant 100 échantillons.

- *Cas de signaux non corrélés:*

Trois générateurs RF avec une différence de fréquence entre eux sont connectés aux trois antennes directives, positionnées à trois positions différentes (-24.6°, 0° et 41°) à 6 mètres du récepteur. Ces antennes sont utilisées comme trois signaux d'émission et représentent trois signaux non corrélés avec trois angles à déterminer par le système.

Les figure 4.9a et 4.9b ci-dessous montrent les résultats de mesure de ces signaux en utilisant l'algorithme MUSIC seul (figure 4.9a) et l'algorithme MUSIC associé au lissage spatial modifié (figure 4.9b) même si ces signaux sont non corrélés. Trois signaux avec des DDAs de -26°, 2° et 41.5° sont identifiés avec l'utilisation MUSIC seul. Dans le cas d'utilisation MUSIC associé au lissage spatial modifié, trois signaux de -25°, 1° et 41.5° sont estimés. Il est clair que les pics sont bien détectés dans le cas utilisant le lissage spatial modifié. L'algorithme de lissage spatial ne change donc pas de résultats, il limite seulement le nombre de signaux estimés. En effet, la division en sous réseaux limite le nombre maximal de sources détectées jusqu'à 2M/3 au lieu de M-1 dans le cas utilisant MUSIC seul. Nous constatons que trois directions d'arrivée sont bien estimées avec une erreur maximale de 2°.

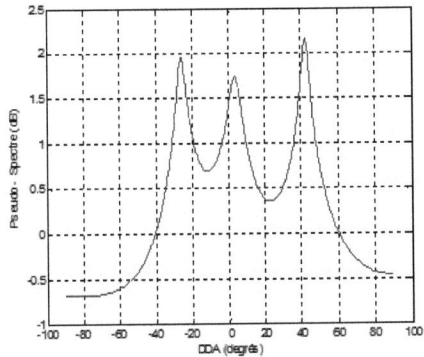

Figure 4. 9a - Résultats de mesure des 3 signaux non corrélés avec MUSIC

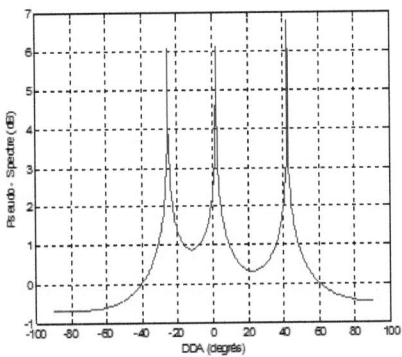

Figure 4. 9b - Résultats de mesure des 3 signaux non corrélés avec MUSIC et lissage spatial modifié (L=5)

- *Cas signaux corrélés:*

Un seul générateur RF délivre le signal CW aux trois antennes émettrices, localisées dans trois positions différentes à -24.6°, 16° et 57° du récepteur. Ceci représente trois signaux corrélés à déterminer par le système de mesure. Dans ce cas, nous appliquons le lissage spatial et le lissage spatial modifié avant d'utiliser l'estimateur MUSIC. La figure 4.10a présente les résultats obtenus par MUSIC seul et MUSIC associé au lissage spatial avec L égal à 5. La figure 4.10b présente les résultats obtenus par MUSIC seul et par MUSIC associé au lissage spatial modifié avec L égal à 5. Nous voyons que trois trajets avec DDAs de -24°, 15.5° et 58° sont correctement estimés quelque soit le lissage spatial. Cependant, le lissage spatial modifié donne la meilleure résolution. Il est toujours impossible de détecter ces trois trajets avec l'algorithme MUSIC seul.

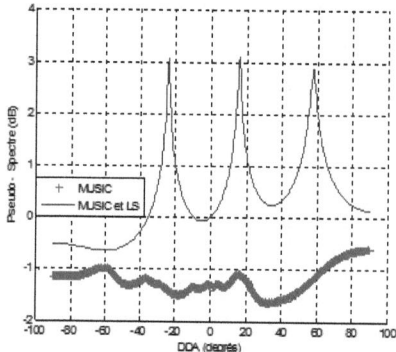

Figure 4. 10a - Résultats de mesure des 3 signaux corrélés avec MUSIC et lissage spatial

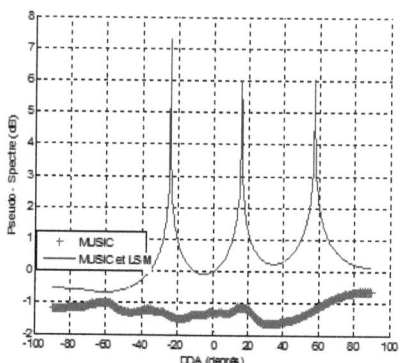

Figure 4. 10b - Résultats de mesure des 3 signaux corrélés avec MUSIC et lissage spatial modifié

IV.3. Mesure des directions d'arrivée dans le plan azimutal et le plan d'élévation

Dans la partie IV.2, nous avons présenté le système de mesure des DDAs des signaux RF dans le plan azimutal. Dans un environnement à l'intérieur des bâtiments, les signaux sont réfléchis, diffusés et arrivent au récepteur non seulement dans le plan azimutal mais aussi dans le plan d'élévation. La caractérisation angulaire tridimensionnelle du canal est donc importante dans cet environnement. Nous développons dans cette partie la mesure des DDAs dans ces deux plans.

IV.3.1. Modèle mathématique des signaux en réception multi capteur

Tout d'abord, nous allons développer des formulations mathématiques des signaux dans deux contextes: trajet unique et multi trajets dans le cas des M récepteurs.

IV.3.1.1. Contexte:canal à trajet unique

IV.3.1.1.1. Réseau d'antennes quelconque

En supposant qu'il y a un seul signal d'incidence (φ,θ) arrivant à un réseau de configuration quelconque composé de M omnidirectionnelles (voir figure 4.11). φ et θ sont respectivement les directions d'arrivée en azimut et en élévation par rapport au centre du réseau. Le vecteur unitaire $\vec{u}$ indique la direction d'incidence du signal.

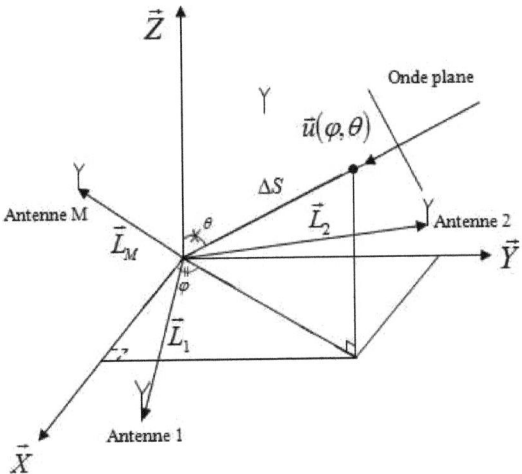

Figure 4. 11 - Réseau d'antennes et signal incident : configuration quelconque

Le signal reçu est donc constitué de plusieurs composantes que nous regroupons dans le vecteur du réseau $X(t)$.

$$X(t) = [x_1(t) \quad x_2(t) \quad \cdots \quad x_m(t) \quad \cdots \quad x_M(t)]^T \tag{4.25}$$

où $x_m(t)$ est le signal reçu par la m-ième récepteur.

Le vecteur unitaire est:

$$\vec{u}(\varphi,\theta) = U_x.\vec{i} + U_y.\vec{j} + U_z.\vec{k} \tag{4.26}$$

avec $U_x = \sin\theta.\cos\varphi$; $U_y = \sin\theta.\sin\varphi$ et $U_z = \cos\theta$

Si $x_0(t)$ est le signal reçu à l'instant t au centre du système de coordonnées. Le signal reçu par l'antenne m est retardé d'une valeur τ_{0m} :

$$\tau_{0m} = \frac{\vec{L}_m.\vec{u}(\varphi,\theta)}{c} \tag{4.27}$$

Avec : c est la vitesse de la lumière.
$\vec{L}_m$ est le vecteur de la position de l'antenne m:

$$\vec{L}_m = X_m.\vec{i} + Y_m.\vec{j} + Z_m.\vec{k} \tag{4.28}$$

Ce retard est lié aux angles φ et θ comme suit:

$$\tau_{0m} = \frac{X_m.U_x + Y_m.U_y + Z_m.U_z}{c}$$

$$\tau_{0m} = \frac{X_m.\sin\theta.\cos\varphi + Y_m.\sin\theta.\sin\varphi + Z_m.\cos\theta}{c} \quad (4.29)$$

Le signal reçu par l'antenne m exprimé en bande de base s'écrit:

$$x_m(t) = x_0(t - \tau_{0m})e^{-j2\pi f_0 \tau_{0m}} \quad (4.30)$$

Si la condition bande étroite est satisfaite, $x_m(t)$ devient:

$$x_m(t) = x_0(t)e^{-j2\pi f_0 \tau_{0m}} \quad (4.31)$$

Le vecteur signal du réseau en bande de base est donné par:

$$X(t) = \begin{bmatrix} x_1(t) \\ x_2(t) \\ \vdots \\ x_m(t) \\ \vdots \\ x_M(t) \end{bmatrix} = \begin{bmatrix} e^{-j2\pi f_0 \tau_{01}} \\ e^{-j2\pi f_0 \tau_{02}} \\ \vdots \\ e^{-j2\pi f_0 \tau_{0m}} \\ \vdots \\ e^{-j2\pi f_0 \tau_{0M}} \end{bmatrix}.x_0(t) = \begin{bmatrix} e^{-jk(X_1\sin\theta.\cos\varphi + Y_1\sin\theta.\sin\varphi + Z_1.\cos\theta)} \\ e^{-jk(X_2\sin\theta.\cos\varphi + Y_2\sin\theta.\sin\varphi + Z_2.\cos\theta)} \\ \vdots \\ e^{-jk(X_m\sin\theta.\cos\varphi + Y_m\sin\theta.\sin\varphi + Z_m.\cos\theta)} \\ \vdots \\ e^{-jk(X_M\sin\theta.\cos\varphi + Y_M\sin\theta.\sin\varphi + Z_M.\cos\theta)} \end{bmatrix}.x_0(t) \quad (4.32)$$

avec
$$k = \frac{2\pi f_0}{c} = \frac{2\pi}{\lambda}$$

Nous avons donc:

$$X(t) = a(\varphi,\theta).x_0(t) \quad (4.33)$$

Le vecteur $a(\varphi,\theta)$ est appelé réponse spatiale du réseau ou vecteur directeur.

Si les antennes ne sont pas omnidirectionnelles, chaque antenne a un gain complexe $g_m(\varphi,\theta)$, le vecteur directeur peut s'écrire:

$$a(\varphi,\theta) = \begin{bmatrix} g_1(\varphi,\theta).e^{-jk(X_1\sin\theta.\cos\varphi+Y_1\sin\theta.\sin\varphi+Z_1.\cos\theta)} \\ g_2(\varphi,\theta).e^{-jk(X_2\sin\theta.\cos\varphi+Y_2\sin\theta.\sin\varphi+Z_2.\cos\theta)} \\ \vdots \\ g_m(\varphi,\theta).e^{-jk(X_m\sin\theta.\cos\varphi+Y_m\sin\theta.\sin\varphi+Z_m.\cos\theta)} \\ \vdots \\ g_M(\varphi,\theta).e^{-jk(X_M\sin\theta.\cos\varphi+Y_M\sin\theta.\sin\varphi+Z_M.\cos\theta)} \end{bmatrix}. \qquad (4.34)$$

IV.3.1.1.2. Réseau planaire d'antennes dans le plan XOY

En supposant que le réseau planaire de M_1 éléments omnidirectionnels suivant l'axe X et de M_2 suivant l'axe Y et l'antenne 1 est l'élément de référence. La figure 4.12 montre cette configuration. Comme nous l'avons décrit précédemment, le vecteur directionnel du signal contient la différence de phase entre deux éléments consécutifs. Cette différence de phase est engendrée par la distance ΔS qui est projetée dans le plan XOY. En utilisant la méthode présentée dans la partie IV.3.1.1.1 et d'après la géométrie, il est facile de montrer que le vecteur directionnel dans cette configuration s'écrit comme suit:

$$a(\varphi,\theta) = \begin{bmatrix} 1 & e^{-j\frac{2\pi}{\lambda}(\cos\theta.\cos\varphi+\cos\theta.\sin\varphi)} & \cdots & e^{-j\frac{2\pi}{\lambda}[(M_1-1)\cos\theta.\cos\varphi+(M_2-1)\cos\theta.\sin\varphi]} \end{bmatrix}^T \qquad (4.35)$$

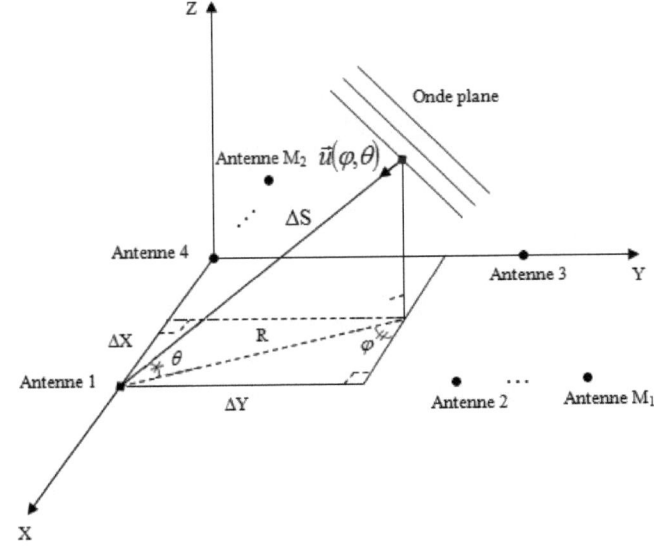

Figure 4.12 - Réseau planaire d'antennes dans le plan XOY et signal incident

IV.3.1.1.3. Réseau planaire d'antennes dans le plan YOZ

Nous allons utiliser un réseau de 8 antennes quasi-Yagi en réception. Ces antennes sont placées dans le plan YOZ (figure 3.18). La figure 4.13 présente la configuration que nous allons utiliser pour l'estimation des DDAs dans le plan azimutal et le plan d'élévation. Avec cette configuration, l'angle azimutal est φ' et l'angle d'élévation est θ'. La différence de phase dans le vecteur directionnel est engendrée par la distance ΔS en projetant dans le plan YOZ et d'après la géométrie, il est facile de montre que le vecteur directionnel dans cette configuration s'écrit de la manière suivante:

$$a(\varphi,\theta) = \begin{bmatrix} 1 & e^{-j\frac{2\pi}{\lambda}(\cos\theta'.\sin\varphi'+\sin\theta')} & \cdots & e^{-j\frac{2\pi}{\lambda}[(M_1-1)\cos\theta'.\sin\varphi'+(M_2-1)\sin\theta']} \end{bmatrix}^T \quad (4.36)$$

avec M_1 est le nombre d'éléments dans l'axe Y.
M_2 est le nombre d'éléments dans l'axe Z
l'antenne 1 est l'élément de référence.

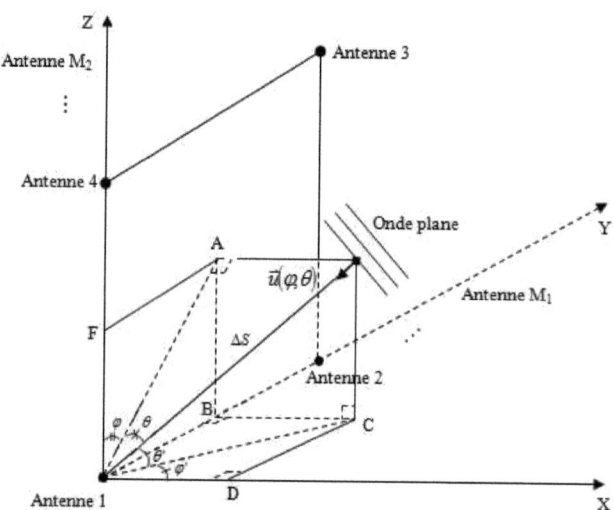

Figure 4. 13 - Réseau planaire d'antennes dans le plan YOZ et signal incident

IV.3.1.2. Contexte: canal à trajets multiples

Dans le cas général, nous supposons qu'il y a K signaux en bande étroite $s_1(t), s_2(t), \ldots, s_K(t)$ à la fréquence f_0. Ces signaux arrivent sur un réseau avec des directions d'arrivée (φ_k, θ_k) (k = 1,2,...K).

En utilisant la représentation complexe du signal, le vecteur de données en bande de base $X(t)$ reçu par les M antennes s'exprime:

$$X(t) = \sum_{k=1}^{K} a(\varphi_k, \theta_k).s_k(t) + N(t) \quad (4.37)$$

1. $s_k(t)$ est le k-ième signal transmis.

2. $N(t)$ est un vecteur de dimension $M \times 1$ représentant le bruit.

$$N(t) = [n_1(t) \quad n_2(t) \quad \cdots \quad n_m(t) \quad \cdots \quad n_M(t)]^T \quad (4.38)$$

3. $a(\varphi_k, \theta_k)$ est le vecteur directionnel pour le k-ième signal.

Dans le cas du réseau de configuration quelconque:

$$a(\varphi_k, \theta_k) = \left[e^{-jk\xi_1(\varphi_k,\theta_k)} \quad e^{-jk\xi_2(\varphi_k,\theta_k)} \quad \cdots \quad e^{-jk\xi_m(\varphi_k,\theta_k)} \quad \cdots \quad e^{-jk\xi_M(\varphi_k,\theta_k)} \right]^T \quad (4.39)$$

où :

$$\xi_m(\varphi_k, \theta_k) = X_m \sin\theta_k . \cos\varphi_k + Y_m \sin\theta_k . \sin\varphi_k + Z_m . \cos\theta_k \quad (4.40)$$

Dans le cas du réseau planaire dans le plan XOY avec l'antenne 1 comme référence:

$$a(\varphi_k, \theta_k) = \left[1 \quad e^{-jk(\cos\theta_k . \cos\varphi_k + \cos\theta_k . \sin\varphi_k)} \quad \cdots \quad e^{-jk[(M_1-1)\cos\theta_k . \cos\varphi_k + (M_2+1)\cos\theta_k . \sin\varphi_k]} \right]^T \quad (4.41)$$

Dans le cas du réseau planaire dans le plan YOZ avec l'antenne 1 comme référence:

$$a(\varphi_k, \theta_k) = \left[1 \quad e^{-jk(\cos\theta_k . \sin\varphi_k + \sin\theta_k)} \quad \cdots \quad e^{-jk[(M_1-1)\cos\theta_k . \sin\varphi_k + (M_2-1)\sin\theta_k]} \right]^T \quad (4.42)$$

En notation matricielle, l'équation (4.37) devient:

$$X(t) = A(\varphi, \theta).S(t) + N(t) \quad (4.43)$$

Où:

- $X(t)$ est le vecteur de données en bande de base du réseau, représentant l'enveloppe complexe des K signaux reçus par le réseau d'antennes (cf. équation (4.25)).

- $A(\varphi, \theta)$ est la matrice de dimension $M \times K$ formée par la concaténation des K vecteurs directionnels, représentant la réponse du réseau d'antennes:

$$A(\varphi,\theta) = [a(\varphi_1,\theta_1) \quad a(\varphi_2,\theta_2) \quad \cdots \quad a(\varphi_k,\theta_k) \quad \cdots a(\varphi_K,\theta_K)] \quad (4.44)$$

- $S(t)$ est le vecteur signal de dimension $K \times 1$:

$$S(t) = [s_1(t) \quad s_2(t) \quad \cdots \quad s_k(t) \quad \cdots \quad s_K(t)]^T \quad (4.45)$$

En appliquant la même méthode d'estimation des DDAs en azimut, la matrice de covariance du vecteur $X(t)$ est décomposée. Si les signaux sont non cohérents, l'algorithme MUSIC est utilisé pour l'estimation des DDAs:

$$P_{MUSIC} = \frac{a^H(\varphi,\theta).a(\varphi,\theta)}{a^H(\varphi,\theta).E_N.E_N^H.a(\varphi,\theta)} \quad (4.46)$$

Dans le cas des signaux corrélés, un lissage spatial est utilisé avant l'utilisation de l'estimateur MUSIC.

Lissage spatial

Dans le cas de réseau planaire d'antennes, la technique de lissage consiste aussi à subdiviser le réseau initial de $M_1 \times M_2$ antennes en $L = L_1.L_2$ sous-réseaux et à calculer la moyenne des matrices de covariance.

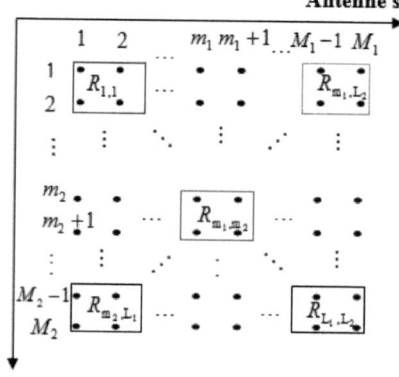

Figure 4.14 - Sous réseau pour Lissage Spatial à deux dimensions

Les matrices de covariance R_{SSP} pour le lissage spatial peuvent être calculées comme suit:

$$R_{SSP} = \frac{1}{L_1.L_2} \sum_{m_1=1}^{M_1} \sum_{m_2=1}^{M_2} R_{m_1,m_2} \quad (4.47)$$

R_{m_1,m_2} est la matrice de covariance de sous-réseau l.
L est le nombre total de sous réseaux:
$$L = L_1.L_2 = (M_1 - N_{sub1} + 1)(M_2 - N_{sub2} + 1) \qquad (4.48)$$
$N_{sub1} \times N_{sub2}$ est le nombre d'éléments dans chaque sous réseau.

Pour estimer correctement les DDAs, les deux conditions suivantes doivent toujours être satisfaites:
$$\begin{cases} N_{sub1} \times N_{sub2} > K \\ L \geq K \end{cases} \qquad (4.49)$$
A partir de cette matrice de covariance R_{SSP}, les valeurs propres et les vecteurs propres sont déterminés. L'algorithme MUSIC est ensuite appliqué pour l'estimation des DDAs dans le plan azimutal et le plan d'élévation en utilisant la formule (4.46).

IV.3.4. Simulation du système et les résultats

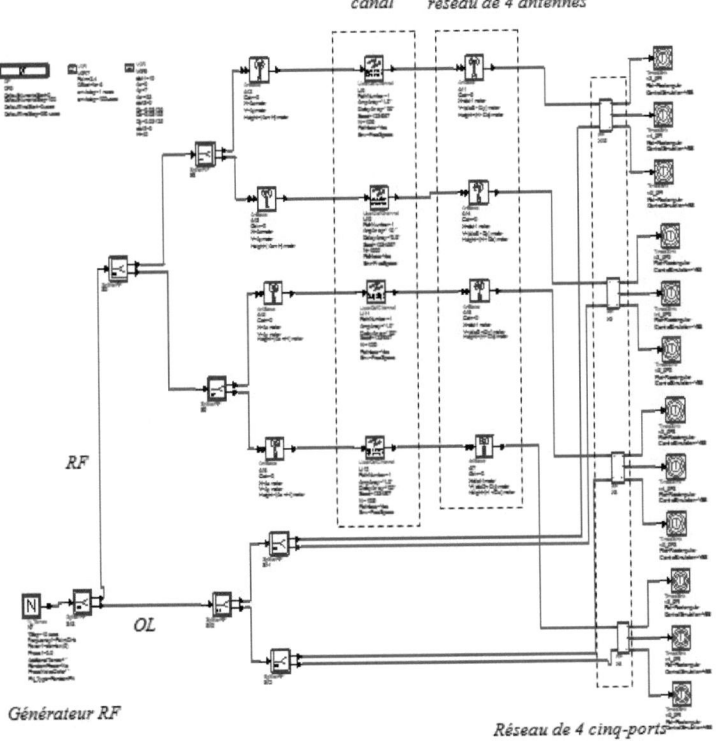

Figure 4. 15 - Simulation du système avec le logiciel ADS (Ptolemy)

Nous avons simulé le comportement du système avec le logiciel ADS Ptolemy (simulation du système de communication). Le système est composé de quatre antennes omnidirectionnelles et de quatre cinq-ports en technologie micro ruban fonctionnant à 2.4 GHz. Les quatre antennes sont placées dans le plan YOZ, deux suivant l'axe Y et deux suivant l'axe Z. Il existe un seul trajet direct dans le canal de propagation. La position de l'antenne émettrice par rapport au réseau d'antennes dans le plan YOZ détermine l'angle d'arrivée (φ,θ) de ce signal. Le schéma du système est présenté sur la figure 4.15.

Les résultats de simulation :

La figure 4.16 présente le résultat de simulation du système avec un signal incident dans la direction $(\varphi,\theta) = (35°,-30°)$. Nous pouvons observer le signal dans la direction $(36°,-30°)$ est identifié après traitement. Le traitement a permis d'estimer la direction d'arrivée avec une erreur de 1°.

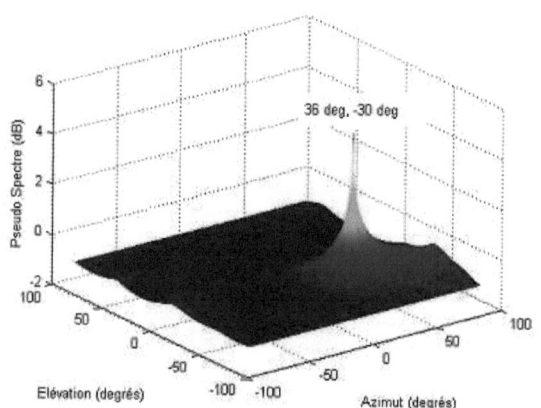

Figure 4. 16 - Résultat de simulation avec un signal théorique $\varphi = 35°$ et $\theta = -30°$

IV.3.4. Résultats de mesure

Les mesures sont effectuées dans la configuration suivante: le réseau planaire de huit antennes quasi-Yagi dans le plan YOZ, quatre antennes suivant l'axe Y et deux suivant l'axe Z, figure 3. 18 dans le chapitre 3.

-1ère mesure: le signal à la sortie du générateur RF est transmis par une antenne positionnée à 5 m à 37° en azimut et 11° en élévation, ce qui représente un trajet à détecter par le système de mesure. La figure 4.17 présente le résultat de mesure de ce signal. Le résultat montre que ce signal est bien détecté avec une erreur de 2° sur l'angle en azimut et 2° sur l'angle en élévation.

- Deuxième mesure: Deux générateurs RF non synchronisés sont connectés aux deux antennes émettrices directives, localisées dans deux positions différentes à 5m du récepteur, ce qui représente deux signaux non corrélés. La figure 4.18 montre le résultat de mesure des deux signaux avec les DDAs de $(37°,11°)$ et $(-11°,-4°)$. Ces deux signaux de $(37°,10°)(-10°,-3°)$ sont identifiés.

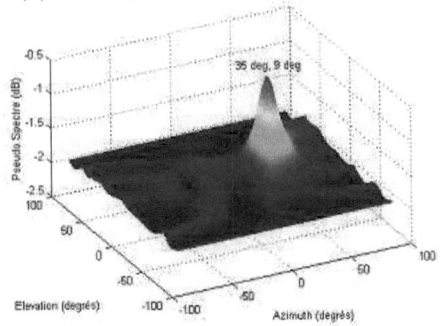

Figure 4. 17 - Mesure d'un signal de (37°, 11°)

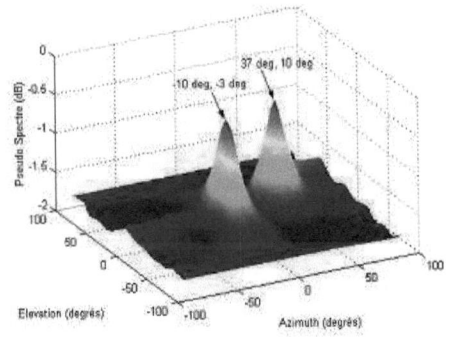

Figure 4. 18 - Mesure de deux signaux de (37°, 11°) et (-11°, -4°)

IV.4. Mesure conjointe « Directions d'arrivée - Retards de propagation »

La mesure des directions d'arrivée en bande étroite utilisant l'algorithme MUSIC présenté dans la partie IV.2 et IV.3 est limitée par le nombre de sources détectées. En effet, avec un réseau linéaire de M antennes, nous pouvons estimer le nombre maximal de $M-1$ signaux non corrélés ou de $2M/3$ signaux corrélés. Avec un nombre limité d'antennes, il est donc très difficile d'estimer plusieurs trajets multiples qui se trouvent toujours dans l'environnement indoor. Cependant, nous allons voir dans la suite que l'estimation conjointe « angle-retard » basée sur l'algorithme MUSIC surmonte cette difficulté. Dans cette estimation, la différence de phase des signaux captés par les antennes permet de calculer les DDAs et les retards sont estimés à partir de la différence de phase entre deux fréquences consécutives de l'enveloppe complexe dans chaque cinq-port. Les résultats de simulations montrent que nous pouvons estimer un nombre de sources supérieur à celui du nombre d'antennes.

Pour comprendre le principe de cette méthode, nous commençons par le cas simple où il existe un seul signal arrivant sur un réseau de deux antennes et deux cinq-ports.

IV.4.1. Cas simple: un seul trajet, un réseau de deux antennes et de deux CPs

En considérant le champ lointain et un milieu homogène, si un signal en bande de base $s(t)$ arrive sur un réseau de deux antennes avec un angle φ par rapport la normale du réseau et un retard de propagation τ, cf. figure 4.19.

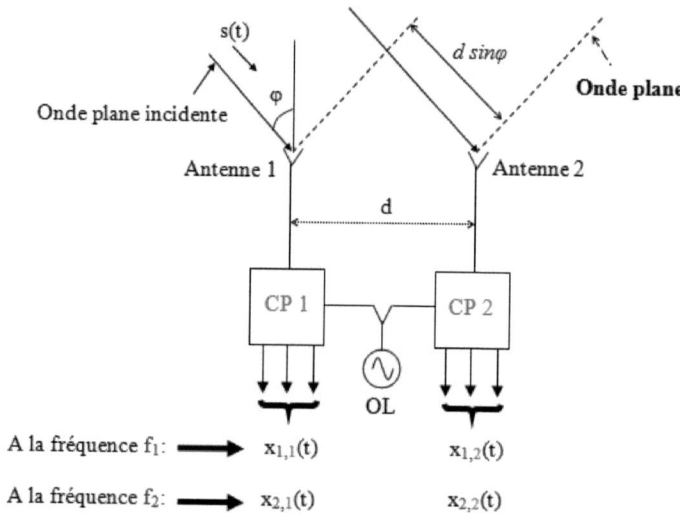

Figure 4.19 - *Réseau de deux capteurs*

Nous mesurons aux deux fréquences f_1 et f_2. A chaque fréquence les trois tensions en sortie de chaque CP sont mesurées. L'enveloppe complexe du signal $s(t)$ est donc calculée à partir de ces tensions mesurées et de trois constantes de calibrage complexes. Avec deux CPs, nous obtenons totalement les quatre enveloppes complexes suivantes:

$$\begin{cases} x_{1,1}(t) = A_{1,1} e^{j\psi_{1,1}} \\ x_{2,1}(t) = A_{2,1} e^{j\psi_{2,1}} \end{cases} \quad \text{et} \quad \begin{cases} x_{1,2}(t) = A_{1,2} e^{j\psi_{1,2}} \\ x_{2,2}(t) = A_{2,2} e^{j\psi_{2,2}} \end{cases} \quad (4.50)$$

- Dans le domaine spatial:

La différence de phase du signal reçu par l'antenne 1 et l'antenne 2 aux fréquences f_1 et f_2 est calculée par:

$$\begin{bmatrix} \Delta\Psi_{DDA} = \dfrac{2\pi d}{\lambda_1}\sin\varphi \\ \Delta\Psi_{DDA} = \dfrac{2\pi d}{\lambda_2}\sin\varphi \end{bmatrix} \quad (4.51)$$

$\Delta\Psi_{DDA}$ est déterminée par la différence de phase entre les deux enveloppes complexes calculées par deux cinq-ports à une fréquence:

$$\begin{bmatrix} \Delta\Psi_{DDA} = \Psi_{1,2} - \Psi_{1,1} \\ \Delta\Psi_{DDA} = \Psi_{2,2} - \Psi_{2,1} \end{bmatrix} \quad (4.52)$$

Avec cette différence de phase, la direction d'arrivée est déterminée par l'équation (4.51).

- Dans le domaine fréquentiel:

Comme nous l'avons montré dans le chapitre 3, la différence de phase entre les deux fréquences f_1 et f_2 est une fonction du retard et de l'écart entre les deux différences $\Delta f = f_2 - f_1$:

$$\Delta\Psi_{Retard} = 2\pi\Delta f \tau \quad (4.53)$$

Cette différence de phase est déterminée à partir des deux enveloppes complexes dans un CP aux fréquences f_1 et f_2:

$$\begin{bmatrix} \Delta\Psi_{Retard} = \Psi_{2,1} - \Psi_{1,1} \\ \Delta\Psi_{Retard} = \Psi_{2,2} - \Psi_{1,2} \end{bmatrix} \quad (4.54)$$

Nous pouvons donc calculer le retard de propagation τ en utilisant l'équation (4.53).

En mesurant le système à deux fréquences, nous pouvons déterminer la direction d'arrivée φ et le retard de propagation τ du signal $s(t)$.

IV.4.2. Cas général: K signaux, réseau de M antennes et de M cinq-ports

- Modèle des signaux:

Dans le cas général, K signaux en bande étroite arrivent à un réseau linéaire uniforme de M antennes omnidirectionnelles (figure 4. 5) avec des directions d'arrivée en plan azimutal φ_k et des retards τ_k (k = 1,2,...K). Ces signaux peuvent être soit non corrélés, soit tout à fait corrélés. En supposant que l'antenne 1 est la référence.

Le signal reçu par le premier élément à la fréquence f_i est exprimé par:

$$x_{i,1}(t) = \sum_{k=1}^{K} s_k(t) e^{-j2\pi f_i \tau_k} + n_i(t) \qquad (4.55)$$

où $f_i = f_1 + (i-1)\Delta f, i = \overline{1,N}$.

$s_k(t)$ est l'enveloppe complexe du k-ième signal émis à la fréquence f_i.

τ_k le retard de propagation du k-ième signal relié à l'élément de référence.

$n_i(t)$ est le bruit du récepteur à la fréquence f_i.

Puisque la séparation entre les deux éléments quelconques est la même, le retard de propagation entre l'élément de référence et l'élément m sera donc:

$$\tau_{D_m}(\varphi_k) = (m-1)\frac{d.\sin\varphi_k}{v} \qquad m = 1, 2, ..., M \qquad (4.56)$$

avec v, vitesse de propagation;

Le signal reçu par l'antenne m du réseau à la fréquence f_i peut alors s'exprimer comme suit:

$$x_{i,m}(t) = \sum_{k=1}^{K} s_k(t) e^{-j2\pi f_i \tau_k} e^{-j2\pi f_i \tau_{D_m}(\varphi_k)} + n_i(t) \qquad (4.57)$$

- Equation matricielle:

En mesurant toute la bande de fréquence de f_1 à f_N avec le pas de fréquence Δf, le vecteur de données de sortie du réseau en bande de base s'écrit sous la forme suivante:

$$X(t) = A.S(t) + N(t) \qquad (4.58)$$

Où :

- $X(t)$ est un vecteur de dimension $Q \times 1$ ($Q = M \times N$) à la sortie du réseau de M cinq-ports:

$$X(t) = [x_1(t) \quad x_2(t) \quad \cdots \quad x_m(t) \quad \cdots \quad x_M(t)]^T \qquad (4.59)$$

Avec $x_m(t)$ est le vecteur du signal déterminé par le m-ième cinq-port, ce qui est obtenu en effectuant la concaténation des vecteurs mesurés à chaque fréquence.

$$x_m(t) = [x_{1,m}(t) \quad x_{2,m}(t) \quad \cdots \quad x_{i,m}(t) \quad \cdots \quad x_{N,m}(t)] \qquad (4.60)$$

- $S(t)$ est le vecteur contenant les amplitudes complexes de K différents signaux:

$$S(t) = [s_1(t) \ s_2(t) \ \cdots \ s_k(t) \ \cdots \ s_K(t)]^T \quad (4.61)$$

- $N(t)$ est en vecteur de dimension Q représentant le bruit.
- A est la matrice de dimension $N \times K$ des vecteurs « temporel- directionnel » associés aux K signaux:

$$A = [a(\varphi_1, \tau_1), a(\varphi_2, \tau_2), ..., a(\varphi_k, \tau_k), ..., a(\varphi_K, \tau_K)] \quad (4.62)$$

Où $\quad a(\varphi_k, \tau_k) = [a_1(\varphi_k, \tau_k), ..., a_m(\varphi_k, \tau_k), ..., a_M(\varphi_k, \tau_k)]^T$

avec $a_m(\varphi_k, \tau_k)$ vecteur " temporel- directionnel " du k-ième signal de la m-ième antenne.

$a_m(\varphi_k, \tau_k)$ dépend de N fréquences:

$$a_m(\varphi_k, \tau_k) = [a_{1,m}(\varphi_k, \tau_k), ..., a_{i,m}(\varphi_k, \tau_k), ..., a_{N,m}(\varphi_k, \tau_k)] \quad (4.63)$$

et $a_{i,m}(\varphi_k, \tau_k) = e^{-j\Delta\psi_{i,m}(k)}$ regroupe les termes représentant la différence de phase entre les antennes et entre les fréquences. $\Delta\Psi_{i,m}(k)$ est la différence de phase du k-ième signal entre le m-ième élément à la i-ième fréquence et l'élément de référence à la fréquence f_1. d est la distance entre deux antennes du réseau linéaire.

$$\Delta\psi_{i,m}(k) = 2\pi(i-1)\Delta f \tau_k + 2\pi d(m-1)\frac{\sin\varphi_k}{\lambda_1} \quad (4.64)$$

Nous observons que cette différence de phase contient deux termes, un terme relié à la différence de phase entre les éléments dans le domaine spatial et un autre relié à la différence de phase entre les deux fréquences consécutives dans le domaine fréquentiel.

- Résolution:

La matrice de covariance correspondante pour l'équation (4.58) est :

$$R_{XX} = E\{X(t).X^H(t)\} \quad (4.65)$$

Pour l'estimation conjointe de la DDA et du retard, l'algorithme MUSIC peut être exprimé par [7]:

$$P_{MUSIC}(\varphi, \tau) = \frac{a^H(\varphi, \tau)a(\varphi, \tau)}{a^H(\varphi, \tau)E_N E_N^H a(\varphi, \tau)} \quad (4.66)$$

E_N représente les vecteurs propres associés au sous espace bruit de la matrice de covariance R_{XX}.

Pour les signaux corrélés, nous avons utilisé la méthode de lissage spatial à deux dimensions avant d'utiliser l'algorithme MUSIC. Cette méthode améliorée est directement appliquée à la matrice R_{XX} [13].

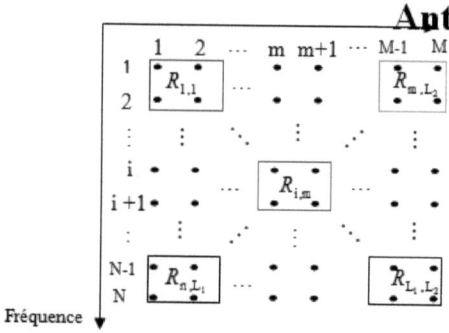

Figure 4. 20 - Sous réseau pour Lissage Spatial à deux dimensions

Si on suppose que le nombre d'éléments dans chaque sous réseau est $N_{sub1} \times N_{sub2}$
Le nombre total de sous réseau est donc :

$$\begin{cases} \quad\quad L = L_1 \times L_2 \\ avec \quad L_1 = N - N_{sub1} + 1 \\ \quad\quad L_2 = N - N_{sub2} + 1 \end{cases} \quad (4.67)$$

La matrice de covariance R_{SSP} peut être calculée comme suit :

$$R_{SSP} = \frac{1}{L_1 L_2} \sum_{m=1}^{L_2} \sum_{n=1}^{L_1} R_{m,n} \quad (4.68)$$

Les choix de N_{sub1} et N_{sub2} sont très importants. N_{sub1} et N_{sub2} décident le nombre de sous réseaux. En effet, pour dé-corréler K signaux corrélés, deux conditions suivantes doivent être satisfaites :

$$\begin{cases} N_{sub1} \times N_{sub2} > K \\ \quad\quad L \geq K \end{cases} \quad (4.69)$$

A partir de cette matrice de covariance R_{SSP}, les valeurs propres et les vecteurs propres sont décomposés. L'algorithme MUSIC est ensuite appliqué pour l'estimation conjointe « angle-retard » en utilisant la formule (4.66).

IV.4.3. Simulation du système et les résultats de simulations

Pour valider l'algorithme exposé dans la partie IV.4.2, nous avons simulé le système avec le logiciel ADS. Dans cette simulation, le nombre de CPs est quatre. La bande de fréquence balayée est 200 MHz avec un pas de 2 MHz. A chaque fréquence, les tensions aux sorties des CPs sont récupérées. Ensuite, le rapport complexe entre le signal RF et le signal OL de chaque CP est calculé. Les DDAs et les retards sont simultanément estimés en appliquant la méthode précédente. Nous avons simulé pour deux cas, les signaux non corrélés et corrélés.

- Signaux non corrélés:

Dans ce cas, six signaux non corrélés présentant des temps de propagation décalés de 10ns, 20 ns, 30 ns, 45 ns 60 ns, 75 ns et des DDAs de -28°, -21°, -11°, 11°, 21°, 28°. Les résultats d'estimation de ces signaux sont présentés sur la figure 4.21. Nous voyons que les 6 signaux sont précisément estimés même si le nombre de sources est supérieur au nombre de CPs (donc au nombre d'antennes).

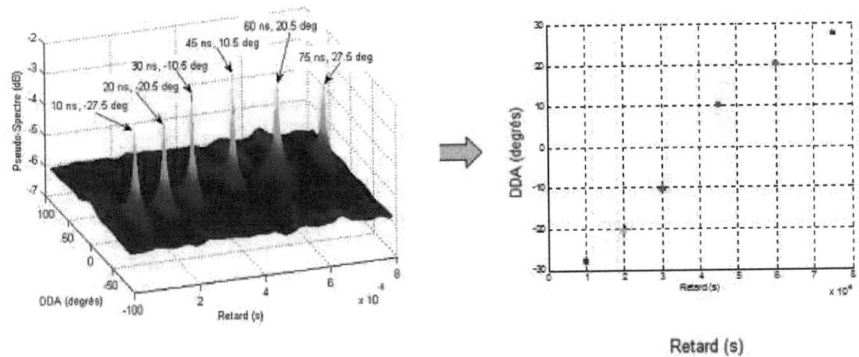

Figure 4. 21 - Résultat de simulation des six signaux non corrélés : représentation 3D à gauche et 2D à droite

- Signaux corrélés:

Six signaux corrélés dont les DDAs et les retards sont 28°, 21°, 9.6°, -9.6°, -21°, -28° et 5 ns, 15 ns, 25 ns, 35ns, 65 ns respectivement sont simulés. Dans ce cas, le lissage spatial à deux dimensions est appliqué. Le nombre d'éléments dans chaque sous réseau est $N_{sub1} = 4$ et $N_{sub2} = 75$. Le résultat est présenté dans la figure 4.22. Il est clair que les 6 trajets multiples sont correctement détectés.

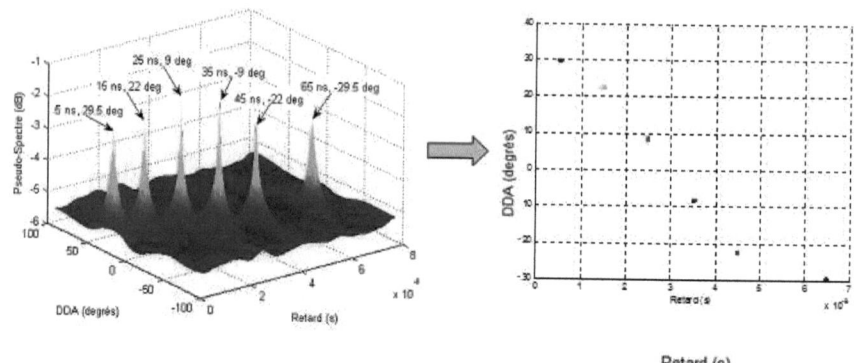

Figure 4. 22 - Résultat de simulation des six signaux corrélés : représentation 3D à gauche et 2D à droite

Dans ces simulations, le nombre d'échantillons utilisés pour l'algorithme MUSIC est de 100.

Nous constatons que dans les deux cas, signaux non corrélés et corrélés, nous pouvons estimer un nombre de signaux supérieur au nombre d'antennes.

IV.4.4. Résultats de mesure

Pour représenter les différents trajets avec différents angles et retards, quelques antennes émettrices sont placées dans différentes positions, représentant ainsi les différents angles d'arrivée et les retards de propagation de trajets multiples. Les mesures sont effectuées dans une bande de fréquence de 200 MHz avec 51 points de fréquence balayés et un réseau linéaire de sept antennes quasi-Yagi est utilisé pour l'estimation conjointe «angles - retards».

- Cas d'un seul trajet:

La première mesure est effectuée en présence d'un seul trajet. Une antenne émettrice se trouve à 3m et à 25° par rapport au réseau d'antennes en réception. Elle représente un signal avec une DDA de 25° et un retard de 9 ns. Le résultat de mesure de ce signal est présenté dans la figure suivante:

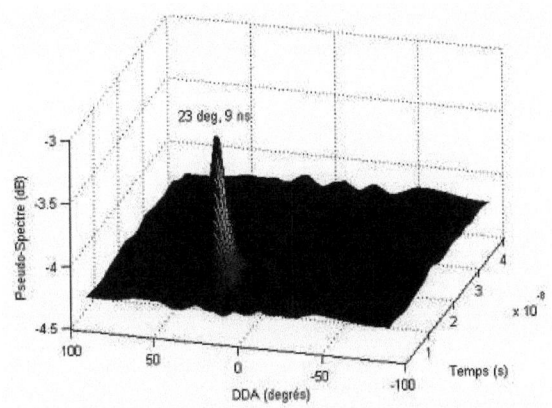

Figure 4. 23 - Résultat de mesure d'un signal avec DDA de 25 degrés et retard de 9 ns

Nous observons que ce signal est bien détecté avec une erreur de 2° sur la DDA.

- Cas de plusieurs trajets:

La deuxième mesure consiste à utiliser trois antennes émettrices, qui représentent trois signaux corrélés avec des DDAs de 50°, 15°, -26° et des retards de 5 ns, 10 ns, 15 ns. La figure 4. 24 présente les résultats de mesure de la DDA et du retard de ces trajets. Dans cette mesure, le nombre de sous réseaux choisi est $N_{sub1} = 4$ et $N_{sub2} = 36$. Nous constatons que trois trajets multiples sont bien estimés.

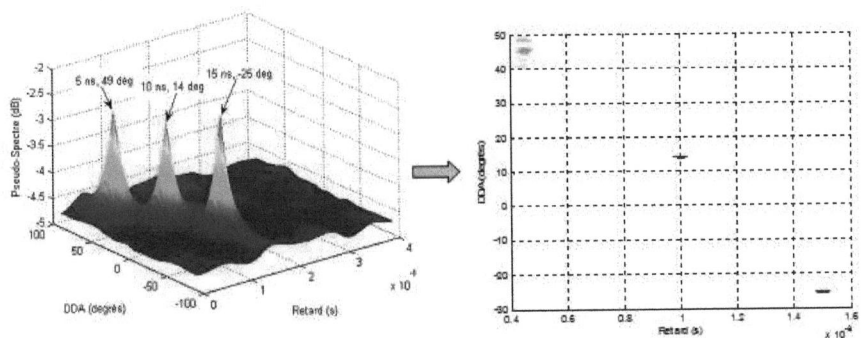

Figure 4. 24 - Résultat de mesure des trois signaux corrélés : représentation 3D à gauche et 2D à droite

Dans ces mesures, 200 échantillons sont utilisés pour l'algorithme MUSIC.

Nous constatons que, les trajets sont bien mesurés avec une erreur maximale de 2 degrés sur la direction d'arrivée et 0.5 ns sur le retard.

Conclusion du chapitre 4

Nous avons proposé un sondeur de canal multi-capteur utilisant les corrélateurs cinq-ports pour la mesure de propagation à l'intérieur des bâtiments. Ce sondeur SIMO composé d'un réseau de huit antennes et d'un réseau de huit cinq-ports permet de mesurer les retards de propagation et les directions d'arrivée de trajets multiples. Nous avons présenté dans un premier temps les mesures des DDAs des signaux RF dans le plan azimutal à partir des mesures de la différence de phase entre les différents éléments du réseau d'antennes. L'algorithme à haute résolution MUSIC est employé pour l'estimation des DDAs des signaux non cohérents. Dans le cas des signaux cohérents comme les trajets multiples dans le contexte du sondage de canal, les DDAs des trajets multiples sont estimés en appliquant la méthode MUSIC associée à un lissage spatial pour la décorrélation des signaux. Les résultats de simulations avec le logiciel ADS ainsi que ceux de mesures montrent que les DDAs des signaux non cohérents et cohérents sont bien estimés avec une erreur maximale de 2°. Ensuite, nous avons présenté les mesures des DDAs des signaux RF dans le plan azimutal et le plan d'élévation. L'estimateur MUSIC et un lissage spatial à deux dimensions sont aussi utilisés pour l'estimation des DDAs de ces signaux. Le système de mesure est simulé avec le logiciel ADS Ptolemy. Les résultats de simulation et de mesure montrent que les signaux sont bien détectés avec une erreur maximale de 2°.

La caractérisation large bande du canal de propagation en mesurant la fonction de transfert du canal permet de modéliser spatio-temporellement le canal. Nous avons mesuré la fonction de transfert du canal avec une bande de fréquence de 200 MHz autour de 2.4 GHz. A partir de ces données mesurées, nous avons ensuite montré qu'il est possible d'estimer simultanément des angles d'arrivée et des retards de propagation de trajets multiples en utilisant la technique cinq-port. La méthode de traitement à haute résolution 'angle-retard' est également présentée. Les DDAs sont estimées à partir de la différence de phase des signaux entre les enveloppes complexes des CPs ; la différence de phase entre deux fréquences consécutives de l'enveloppe complexe dans chaque CP permet de calculer les retards de propagation des signaux RF. La procédure d'estimation conjointe « angle-retard » est basée sur l'algorithme MUSIC. L'inconvénient de l'algorithme MUSIC pour estimer les DDAs est que le nombre d'antennes doit être supérieur à celui du nombre de sources. Il est donc très difficile d'estimer des DDAs de trajets multiples avec un nombre d'antennes limité dans l'environnement indoor où se trouvent toujours plusieurs trajets multiples. Cependant la méthode à haute résolution conjointe « angle-retard » surmonte cette difficulté. Les résultats de simulations montrent que nous pouvons estimer un nombre de sources supérieur à celui du nombre d'antennes.

Les résultats obtenus ont montré la performance du système proposé. Le système utilisant la technique cinq-port mesure bien les paramètres du canal de propagation. Il reste à modéliser le canal de propagation.

Bibliographie

[1]- F. Vincent, and O. Besson, "Estimating time-varying DOA and Doppler shift in radar array processing", Radar, Sonar and Navigation, IEE Proceedings, vol. 147, no. 6, pp. 285-290, December 2000.

[2]- G. Kadel, R.W. Lorenz, "Mobile propagation measurements using a digital channel sounder with a bandwidth matched to the GSM-system", Antennas and Propagation, ICAP 91, Seventh International Conference on (IEE), vol. 1, pp. 496-499, Apr 1991.

[3]- J.S. Grant, P.M. Mulgrew and B. Rajagopal, "Generalized algorithm for DOA estimation in a passive sonar Thompson", Radar and Signal Processing, IEE Proceedings F, vol. 140, no. 5, pp. 339–340, October 1993.

[4]- H. Krim, and M. Viberg, "Two Decades of Array Signal Processing Research," IEEE Signal Processing Magazine, pp. 67-94, July 1996.

[5]- Wilson. P, Papazian. P, "PCS band direction-of-arrival measurements using a 4 element linear array," Vehicular Technology Conference, vol.2, pp. 786-790, Sept. 2000.

[6]- Robert D. Tingley and Kaveh Pahlavan, "Space-Time Measurement of Indoor Radio Propagation," IEEE Trans on Instrumentation and Measurement, vol. 50, No. 1, February 2001.

[7]- RALPH O. SCHMIDT, "Multiple Emitter Location and Signal Parameter Estimation." IEEE Trans on Antennas and Propagation, vol.AP-34, No.3, March 1986.

[8]- Van Yem VU, A. Judson BRAGA, Xavier BEGAUD, Bernard HUYART, " Measurement of direction-of-arrival of coherent signals using five-port reflectometers and quasi-Yagi antennas," IEEE Microwaves and Wireless Component Letters, VOL. 15, NO. 9, September 2005.

[9]- Van Yem VU, A. Judson BRAGA, Bernard HUYART, Xavier BEGAUD, "Joint TOA/DOA measurements for spatio-temporal characteristics of 2.4 GHz indoor propagation channel," Proc. IEEE European Conference on Wireless Technology (ECWT) 2005, Paris, France, October 03-05, 2005.

[10]- Van Yem VU, A. Judson BRAGA, Xavier BEGAUD, Bernard HUYART, "Direction of arrival and time delay measurements for multi-path signals using five-port reflectometers," IEEE Antenna and Propagation Symposium (IEEE APS) 2005, Washington DC, July 03-08, 2005.

[11]- Van Yem VU, A. Judson BRAGA, Xavier BEGAUD, Bernard HUYART, "Narrow band direction of arrival measurements using five-port reflectometers and quasi-Yagi antennas," Proc. European Conference on Propagation and Systems, Brest - France, March 15-18, 2005.

[12]- Van Yem VU, A. Judson BRAGA, Xavier BEGAUD, Bernard HUYART, « Estimation des directions d'arrivée et des retards de propagation par utilisation de la technique cinq-port, » 14èmes Journées Nationales Micro-ondes JNM 2005, Nantes - France, May 11-13, 2005.

[13]- A.Judson Braga, Van Yem Vu, B. Huyart and J.C. Cousin, "Wideband spatio-temporal channel sounder using MUSIC and enhanced 2D-SS," ECPS 2005, March 2005, in Brest- France.

[14]- Z.Rong, "Simulation of adaptative array algorithms for CDMA systems," M.S. Thesis, Virginia Tech, Sep.1996.

[15]- T.Quiniou, "Conception et réalisation de sondeurs spatio-temporels du canal à 1800 MHz- Mesures de propagation à intérieur et à l'extérieur des bâtiments," Ph.D. thesis, University of Rennes 1- France 2001

[16]- R.L.Jonson and G.E.Miner, "Comparison of supperresolution algorithms for radio direction finding," IEEE Trans. on Aerosp. Electro. Syst, vol.AES-22, pp.432-442, July 1986.

[17]- T. J. Shan, M. Wax and T. Kailath, "On spatial smoothing for direction-of-arrival estimation of coherent signals," IEEE Trans on Acoust., Speech, Signal Processing, vol. ASSP-33, pp.806-811, aug.1985.

[18]-R.T.Williams, S.Prasad, A.K.Mahalanabis, and L.H.Sibul, "An improved spatial smoothing technique for bearing estimation in a multipath environment," IEEE Trans. Acoust., Speech, Signal Processing, vol.36, pp.425-432, April 1988.

[19]- M. Lu, T. Lo and J. Litva, "A Physical Spatio-temporal Model of Multipath Propagation Channels," 1997 IEEE 47th Vehicular Technology Conference, vol. 2., pp. 810-814, 4-7 May 1997.

CONCLUSION

Dans ce livre, nous avons présenté deux sondeurs de canal indoor utilisant les corrélateurs cinq-ports. Le premier sondeur de type SISO permet de mesurer la réponse impulsionnelle du canal, c'est-à-dire de mesurer les retards de propagation des trajets multiples. Pour cela, le travail est réalisé en plusieurs étapes.

- La première étape de ce travail est basée sur une synthèse bibliographique permettant de comprendre les notions et les phénomènes physiques sur le canal de propagation en général, notamment à l'intérieur des bâtiments.

Nous avons commencé par étudier les différentes techniques de mesure et de caractérisation d'un canal de propagation en distinguant les avantages et les inconvénients de chaque technique. Parmi les techniques de mesure et de caractérisation du canal, la technique fréquentielle est retenue. En effet, elle n'est pas trop complexe à mettre en œuvre et de plus elle a une bonne résolution temporelle par rapport à d'autres techniques. Cependant la contrainte est le long temps de balayage limité par la vitesse de balayage du générateur, ce qui limite la caractérisation du retard - Doppler à la fréquence élevée avec une bande de balayage importante. Cette technique est bien adaptée à l'environnement à l'intérieur des bâtiments où les variations du canal de propagation dans le temps sont faibles.

- Pour la deuxième étape, nous avons commencé par étudier et réaliser des circuits cinq-ports à 2.4 GHz en technologie micro ruban; chaque cinq-port est constitué d'un anneau à cinq branches et de trois détecteurs de puissance à diode Schottky. Puis, nous avons étudié et réalisé des antennes quasi-Yagi en technologie micro ruban fonctionnant à 2.4 GHz. Chaque module antenne est constitué d'un amplificateur faible bruit, d'un balun et de la partie rayonnante.

- Nous avons préalablement proposé un sondeur fréquentiel utilisant un cinq-port. Ce sondeur permet de mesurer seulement des retards de propagation de trajets multiples. Les retards sont estimés par la méthode IFFT classique et aussi par la méthode à haute résolution MUSIC associée à l'algorithme lissage spatial pour dé-corréler les signaux cohérents.

- La caractérisation spatiale est importante lorsque les techniques d'antennes intelligentes sont appliquées. Nous avons donc proposé dans la suite un sondeur SIMO fonctionnant à 2.4 GHz dans lequel sont intégrés huit corrélateurs cinq-ports et un réseau d'antennes linéaire et uniforme composé de 8 antennes quasi-Yagi. Ce sondeur SIMO mesure et caractérise spatialement le canal de propagation en mesurant simultanément les retards de propagation et les angles d'arrivée de trajets multiples. Tout d'abord, nous avons mesuré les directions d'arrivée de trajets multiples dans le plan azimutal. L'algorithme MUSIC associé au lissage spatial est utilisé pour l'estimation des DDAs. Les résultats de simulation avec ADS et ceux de mesure montrent que nous avons bien estimé les DDAs avec l'erreur maximale de 2 degrés.

Dans l'environnement indoor, les trajets réfléchis par les objets, les murs... arrivent à l'antenne en réception non seulement dans le plan azimutal mais aussi dans le plan d'élévation. Il faut donc caractériser tri-dimensionnellement le canal de propagation. C'est la raison pour laquelle nous avons présenté la mesure des directions d'arrivée dans le plan azimutal et le plan d'élévation avec un réseau planaire de 8 antennes quasi-Yagi. L'estimation des angles d'arrivée azimut et élévation est réalisée avec une précision de deux degrés.

Ensuite, avec le même système de mesure des directions d'arrivée en azimut, nous avons travaillé sur la mesure conjointe des DDAs dans le plan azimutal et des retards de propagation de trajets multiples. L'estimation conjointe « angle-retard » est basée sur l'algorithme MUSIC 2D associé à l'algorithme lissage spatial 2D. L'avantage de cette estimation conjointe est que nous pouvons estimer un nombre de sources supérieur au nombre d'antennes. Grâce à cet avantage, plusieurs trajets, de sources corrélées existantes dans l'environnement indoor, sont estimés avec un nombre limité d'antennes en réception, diminuant encore le coût du système réalisé.

Enfin, rappelons que l'avantage de notre système de mesure est son faible coût et qu'il permet de faire simultanément l'acquisition en réception en évitant ainsi les temps de commutations.

ANNEXE

Annexe 1. Enveloppe complexe du signal

Pour un signal passe bande, toutes les informations importantes telles que la phase et l'amplitude sont contenues dans la représentation de l'enveloppe complexe du signal.
La représentation complexe du signal simplifie l'analyse et la simulation des systèmes.
Supposons un signal réel $\tilde{r}(t)$, la représentation passe bande de ce signal est:

$$\tilde{r}(t) = a(t) \cdot \cos(2\pi f_0 t + \Psi(t)) \tag{A1.1}$$

Où: f_0 est la fréquence porteuse ; $a(t)$ est l'amplitude et $\Psi(t)$ est la phase du signal.

En développant l'équation (A1.1), nous obtenons la représentation équivalente suivante:

$$\tilde{r}(t) = I(t)\cos(2\pi f_0 t) - Q(t)\sin(2\pi f_0 t) \tag{A1.2}$$

avec $I(t) = a(t)\cos(\Psi(t))$ et $Q(t) = a(t)\sin(\Psi(t))$ sont appelés le signal Inphase et le signal inQuadrature respectivement.

En notation complexe, l'expression du signal radio fréquence est la suivante:

$$\tilde{r}(t) = \text{Re}\{[I(t) + j \cdot Q(t)]e^{j2\pi f_0 t}\} \tag{A1.3}$$

L'expression (A1.3) fait apparaître l'enveloppe complexe notée $env(t)$:

$$env(t) = I(t) + j \cdot Q(t) \tag{A1.4}$$

Avec $I(t) = \text{Re}\{env(t)\} = a(t)\cos\Psi(t)$ et $Q(t) = \text{Im}\{env(t)\} = a(t)\sin\Psi(t)$

L'enveloppe complexe du signal $env(t)$ contient toutes les informations du signal $\tilde{r}(t)$ sauf la fréquence porteuse.

L'amplitude variant au cours du temps $a(t)$ est reliée à l'enveloppe complexe par:

$$a(t) = |env(t)| = \sqrt{(\text{Re}\{env(t)\})^2 + (\text{Im}\{env(t)\})^2} = \sqrt{I^2(t) + Q^2(t)} \tag{A1.5}$$

La phase $\Psi(t)$ est reliée à l'enveloppe complexe comme suit:

$$\Psi(t) = \arctan\left(\frac{\operatorname{Im}\{env(t)\}}{\operatorname{Re}\{env(t)\}}\right) = \arctan\left(\frac{Q(t)}{I(t)}\right) \qquad (A1.6)$$

Nous voyons que les signaux *I(t)* et *Q(t)* sont respectivement les parties réelle et imaginaire de l'enveloppe complexe, et que les signaux *a(t)* et $\Psi(t)$ sont respectivement le module et la phase de l'enveloppe complexe. Ceci peut être représenté dans le plan complexe suivant:

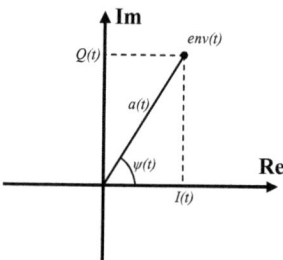

Représentation graphique de l'enveloppe complexe

Ce graphe représentant le signal *Q(t)* en fonction du signal *I(t)* est très utilisé en télécommunications, il permet de représenter les variations d'amplitude et de phase de la porteuse. L'enveloppe complexe du signal *env(t)* est typiquement un signal en bande de base car la fréquence porteuse est enlevée.

Annexe 2. Méthodes de pré-calibrage du cinq-port

I - *Méthode de calibrage utilisant une séquence I/Q connue:*

La détermination des 6 constantes de calibrage va être effectuée en 3 étapes:

Etape 1: mesurer les composantes DC offset dues à l'OL. Cela est réalisé en connectant une charge 50 ohms à l'entrée du port RF du cinq-port et en mesurant les trois tensions de sortie.

Etape 2: un signal RF modulé par une séquence IQ connue de longueur N_c est injecté à l'accès RF du cinq-port, nous mesurons en sortie les 3 tensions BF correspondantes, ainsi après élimination des composantes continues dues à l'OL obtenues dans l'étape 1, nous pouvons écrire 2 systèmes à N_c équations représentés par les 2 relations matricielles suivantes:

$$V \cdot \begin{pmatrix} rg_3 \\ rg_4 \\ rg_5 \end{pmatrix} = \begin{pmatrix} I(1) \\ \vdots \\ I(N_c) \end{pmatrix} \quad (A2.1)$$

$$V \cdot \begin{pmatrix} ig_3 \\ ig_4 \\ ig_5 \end{pmatrix} = \begin{pmatrix} Q(1) \\ \vdots \\ Q(N_c) \end{pmatrix} \quad (A2.2)$$

avec
$$V = \begin{pmatrix} \tilde{v}_3(1) & \tilde{v}_4(1) & \tilde{v}_5(1) \\ \vdots & \vdots & \vdots \\ \tilde{v}_3(N_c) & \tilde{v}_4(N_c) & \tilde{v}_5(N_c) \end{pmatrix}$$

Etape 3: en utilisant la méthode déterministe des moindres carrés, nous pouvons calculer les 6 constantes de calibrage avec les expressions suivantes :

$$\begin{pmatrix} rg_3 \\ rg_4 \\ rg_5 \end{pmatrix} = (V^T \cdot V)^{-1} \cdot V^T \cdot \begin{pmatrix} I(1) \\ \vdots \\ I(N_c) \end{pmatrix} \quad (A2.3)$$

$$\begin{pmatrix} ig_3 \\ ig_4 \\ ig_5 \end{pmatrix} = (V^T \cdot V)^{-1} \cdot V^T \cdot \begin{pmatrix} Q(1) \\ \vdots \\ Q(N_c) \end{pmatrix} \quad (A2.4)$$

Ainsi, après avoir déterminé les 6 constantes de calibrage et avec les trois tensions de sortie mesurées, nous pouvons déterminer l'enveloppe complexe du signal.

Mise en œuvre du calibrage et résultats obtenus:

Le procédé expérimental peut être schématisé par la figure suivante:

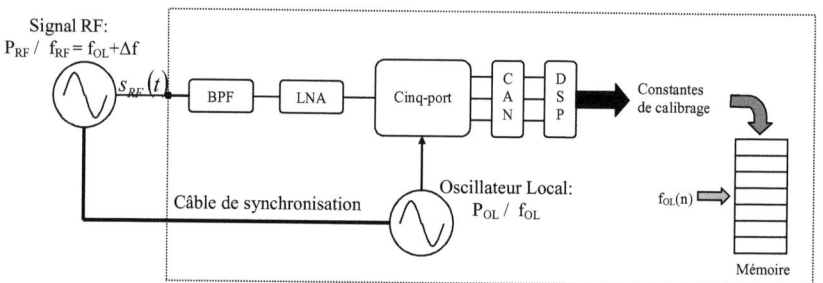

Pré-calibrage du cinq-port

Le générateur RF délivre un signal CW $s_{RF}(t)$ de fréquence f_{RF}. La différence de fréquence entre l'oscillateur local et le générateur RF est égale à Δf et les deux générateurs sont synchronisés. Le signal $s_{RF}(t)$ est filtré, amplifié et mélangé avec l'oscillateur local dans le circuit cinq-port, les 3 tensions BF de sortie sont échantillonnées et numérisées par 3 Convertisseurs Analogique Numérique (CAN); les 6 constantes de calibrage sont calculées par une unité de traitement numérique (Digital Signal Processing). Ces constantes sont enregistrées dans une mémoire pour l'utilisation ultérieure.

Maintenant, nous allons voir comment à partir de ce procédé expérimental, nous pouvons appliquer l'algorithme de calibrage précédemment présenté. Le signal $s_{RF}(t)$ peut s'écrire sous la forme suivante:

$$s_{RF}(t) = A_{RF} \cos(2\pi f_{RF} t) \qquad (A2.5)$$

Comme $f_{RF} = f_{OL} + \Delta f$, nous pouvons écrire:

$$s_{RF}(t) = A_{RF} \cos(2\pi f_{OL} t + 2\pi \Delta f t) \qquad (A2.6)$$

Par manipulation mathématique, l'équation (A2.5) devient:

$$s_{RF}(t) = A_{RF} (\cos(2\pi \Delta f t)\cos(2\pi f_{OL} t) - \sin(2\pi \Delta f t)\sin(2\pi f_{OL} t)) \qquad (A2.7)$$

En se rappelant l'expression $s(t) = A_{RF}(I(t)\cos(2\pi f_{OL} t) - Q(t)\sin(2\pi f_{OL} t))$ qui définit un signal RF modulé par une séquence I/Q, nous pouvons dire que le signal $s_{RF}(t)$

correspond à un signal RF de fréquence porteuse f_{OL}, modulé par les séquences I/Q connues suivantes:

$$I(t) = \cos(2\pi\Delta f t) \qquad (A2.8)$$

$$Q(t) = \sin(2\pi\Delta f t) \qquad (A2.9)$$

Ainsi, en prenant N_c échantillons (v_3 v_4 v_5) avec une fréquence d'échantillonnage $f_e = N_c.\Delta f$, nous pourrons alors écrire la matrice V:

$$V = \begin{pmatrix} \tilde{v}_3(1) & \tilde{v}_4(1) & \tilde{v}_5(1) \\ \vdots & \vdots & \vdots \\ \tilde{v}_3(N_c) & \tilde{v}_4(N_c) & \tilde{v}_5(N_c) \end{pmatrix} \qquad (A2.10)$$

Une séquence IQ connue correspond à ces tensions et elle est définie par les 2 vecteurs:

$$\begin{pmatrix} I(1) \\ \vdots \\ I(N_c) \end{pmatrix} = \begin{pmatrix} \cos(2\pi/N_c) \\ \vdots \\ \cos(2\pi k/N_c) \\ \vdots \\ \cos(2\pi N_c/N_c) \end{pmatrix} \text{ et } \begin{pmatrix} Q(1) \\ \vdots \\ Q(N_c) \end{pmatrix} = \begin{pmatrix} \sin(2\pi/N_c) \\ \vdots \\ \sin(2\pi k/N_c) \\ \vdots \\ \sin(2\pi N_c/N_c) \end{pmatrix} \qquad (A2.11)$$

Ceci nous permettra de calculer les 6 constantes de calibrage en utilisant les équations (A2.3) et (A2.4).

Afin de valider cette technique, nous avons réalisé le montage suivant:

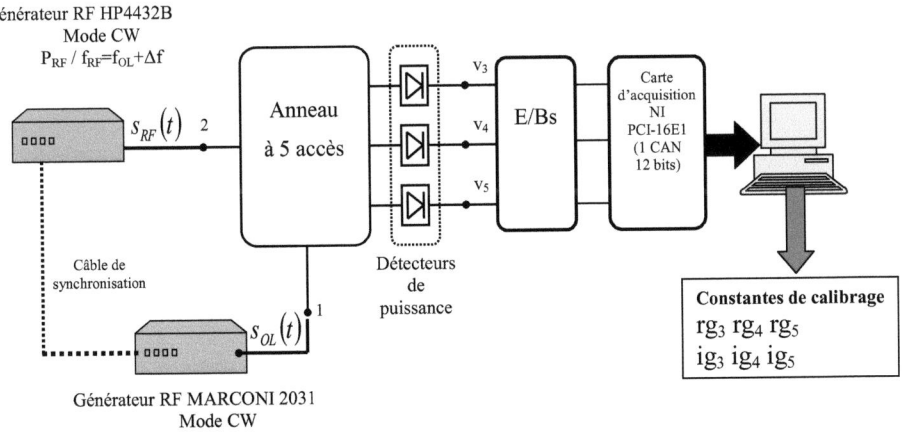

Montage expérimental pour le calibrage du cinq-port

Les 2 générateurs RF (Marconi 2031 et HP-4432B) représentant le signal d'OL $s_{OL}(t)$ et le signal RF $s_{RF}(t)$ sont connectés aux accès 1 et 2 du cinq-port. Ces 2 générateurs sont synchronisés et la différence de fréquence entre ces deux générateurs est $\Delta f = 100 Hz$. Nous avons choisi 100 échantillons ($N_c = 100$). La fréquence d'échantillonnage de la carte d'acquisition a donc été configurée à: $f_e = N_c . \Delta f = 10 KHz$. Les tensions de sortie mesurées sont corrigées afin de respecter une détection quadratique en utilisant la technique de linéarisation des détecteurs de puissances. Elles sont ensuite échantillonnées et numérisées par le convertisseur analogique numérique (CAN) d'une carte d'acquisition gérée par un ordinateur. Ayant un seul CAN, les échantillonneurs bloqueurs (E/B) sont utilisés pour la garantie de signaux simultanés. Ensuite, les 6 constantes de calibrage sont déterminées à partir des équations (A2.9), (A2.10), (A2.2) et (A2.4).
Nous avons calibré le cinq-port sur la bande 2.2 GHz -2.6 GHz en configurant les puissances suivantes: $P_{OL} = 0dBm$ et $P_{RF} = -20\ dBm$.

La figure ci-dessous présente le résultat du calibrage du cinq-port à la fréquence 2.4 GHz:

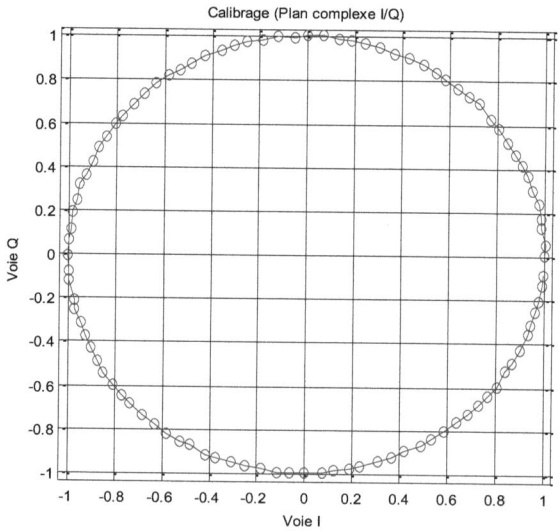

Constantes de calibrage ($N_c = 100\ points$)

Le résultat confirme le bon fonctionnement de la méthode. En effet après avoir reconstitué les voies I et Q à partir des trois tentions de sortie v_3, v_4, v_5, nous obtenons un cercle dans le plan complexe ce qui garantit que le signal initial a bien été reconstitué.

Annexe 3. Approximation bande étroite dans le contexte du réseau d'antennes

Les signaux peuvent être classés: signaux large bande ou signaux en bande étroite. La largeur de la bande passante du signal est une mesure relative et il faut la définir dans un contexte particulier. La bande passante du signal peut être mesurée relativement à la fréquence porteuse, aux retards des trajets multiples et à la bande passante de l'antenne. Maintenant en considérant une période du symbole du signal relative à la période de sa porteuse, si un temps de retard τ est supérieur de quelques périodes par rapport à la période de la porteuse, le signal passe bande avec le retard τ peut s'exprimer par:

$$\tilde{x}(t+\tau) = \text{Re}\{x(t+\tau)e^{j2\pi f_0(t+\tau)}\} \qquad (A4.1)$$

Si on suppose que la période d'un symbole du signal modulé est très grande par rapport à celle du signal sinusoïdal (par exemple 20 fois ou plus), ceci implique que la période du symbole est aussi très grande par rapport à τ, la variation du signal modulé est donc petite pendant cette durée τ courte. L'approximation suivante peut être effectuée pour l'enveloppe complexe:

$$x(t+\tau) \approx x(t) \qquad (A4.2)$$

Cette approximation est dite « approximation bande étroite du réseau »

Nous avons donc:

$$\tilde{x}(t+\tau) \approx \text{Re}\{x(t)e^{j2\pi f_0(t+\tau)}\} \qquad (A4.3)$$

Comme la porteuse est un signal sinusoïdal pur, le temps de retard τ introduit un déphasage Ψ:

$$\Psi = 2\pi f_0 \tau \qquad (A4.4)$$

L'expression pour le signal réel passe bande dans l'équation (A4.3) peut s'écrire comme suit:

$$\tilde{x}(t+\tau) \approx \text{Re}\{x(t)e^{j(2\pi f_0 t+\Psi)}\} \qquad (A4.5)$$

Un retard τ petit par rapport à la période d'un symbole peut être représenté seulement par un déphasage de la fréquence porteuse.

La séparation entre les éléments d'un réseau d'antennes est de l'ordre de $\lambda/2$ où λ est la longueur d'onde de la fréquence porteuse, ce qui introduit un retard de propagation τ entre les éléments de l'ordre de la période de la porteuse. Si la période du symbole est grande par rapport à τ, l'approximation bande étroite peut être appliquée.

Annexe 4. L'algorithme MUSIC

En supposant un milieu homogène et les champs lointains et K signaux en bande de base à bande étroite $s_1(t), s_2(t),...,s_K(t)$ issus des directions $\theta_1, \theta_2,...,\theta_K$ arrivant sur un réseau linéaire de M antennes omnidirectionnelles (M>K).

Le signal arrivant sur le capteur m (m = 1,2,..., M) peut s'écrire suivant l'expression:

$$x_m(t) = \sum_{k=1}^{K} s_k(t) e^{-j\phi_{m,k}} + n_m(t) \quad (A3.1)$$

Où: $x_m(t)$ est le signal reçu par le capteur m.
$n_m(t)$ est le bruit sur le capteur m.
$s_k(t)$ est le k^{ème} signal.

$\phi_{m,k}$ est le déphasage géométrique introduit par le réseau au niveau du capteur m et pour le k^{ème} signal dépendant des angles d'arrivée et de la géométrie du réseau.

En utilisant la notation vectorielle, nous pouvons exprimer l'expression (A3.1) sous la forme:

$$X = A.S + N \quad (A3.2)$$

avec $S = [s_1(t), s_2(t),...,s_K(t)]^T$
$N = [n_1(t), n_2(t),...,n_M(t)]^T$

$A = [a(\phi_1), a(\phi_2),...,a(\phi_K)]$ est la matrice de dimension (MxK) formée par la concaténation des M vecteurs directionnels des sources $a(\phi_k) = [e^{-j\phi_{1,k}}, e^{-j\phi_{2,k}},...,e^{-j\phi_{M,k}}]^T$.

Avec L échantillons des signaux, la matrice de covariance des signaux est donnée par:

$$R_{XX} = E\{X(t)X^H(t)\} = \frac{1}{L}\sum_{t=1}^{L} X(t)X^H(t) \quad (A3.3)$$

où $X^H(t)$ est le transposé conjugué de $X(t)$.

En supposant que les signaux et les bruits sont stationnaires, décorrélés, cette matrice s'exprime encore sous la forme:

$$R_{XX} = E\{X(t)X^H(t)\} = E\{(A.S + N)(A.S + N)^H\} = A.E\{S.S^H\}A^H + E\{N.N^H\} \quad (A3.4)$$

D'où
$$R_{XX} = A.R_S A^H + \sigma^2 I \quad (A3.5)$$

Avec: R_s est la matrice de covariance du vecteur signal, σ_o^2 est la puissance du bruit identique pour chaque capteur et I est la matrice identité KxK.

La matrice R_{xx} étant hermitienne et définie positive, ses valeurs propres sont réelles et positives. Ses K valeurs propres non nulles sont classées par ordre décroissant $\mu_1 \geq \mu_2 \geq ... \geq \mu_K$.

Les M valeurs propres de R_{xx} peuvent s'écrire sous la forme:
$$\lambda_k = \mu_k + \sigma^2 \quad k = 1,2,...,K$$
$$\lambda_k = \sigma^2 \quad k = K+1, K+2,..., M$$

Les M vecteurs propres associés aux M valeurs propres λ_k sont: $\beta_1, \beta_2, ..., \beta_K, ..., \beta_M$

La matrice de covariance R_{xx} est finalement obtenue comme suit:

$$R_{xx} = \sum_{k=1}^{M} \lambda_k . \beta_k . \beta_k^H = N \Lambda N^H \qquad (A3.6)$$

avec $N = [\beta_1, \beta_2, ..., \beta_K, \beta_{K+1}, ..., \beta_M]$

$$\Lambda = diag[\lambda_1, \lambda_2, ..., \lambda_K, \sigma^2, ..., \sigma^2]$$

$N = [\beta_1, \beta_2, ..., \beta_K, \beta_{K+1}, ..., \beta_M]$ peut être divisé en deux vecteurs:

+ $E_S = [\beta_1, \beta_2, ..., \beta_K]$ est le vecteur associé aux K valeurs propres les plus importantes, il contient les vecteurs propres associés au sous-espace signal.

+ $E_N = [\beta_{K+1}, \beta_{K+2}, ..., \beta_M]$ est le vecteur des vecteurs propres associés aux M-K valeurs propres les plus faibles, il contient les vecteurs propres associés au sous-espace bruit.

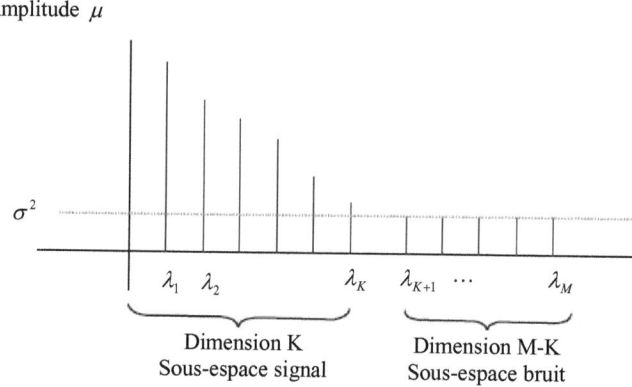

Représentation des valeurs propres de R_{xx}

L'algorithme MUSIC (MUltiple SIgnal Classification), une méthode à haute résolution fondée sur la décomposition en vecteurs propres et en valeurs propres, est basé sur les propriétés du sous-espace signal et du sous-espace bruit:

+ Les vecteurs issus de E_S engendrent un sous-espace signal colinéaire aux vecteurs directionnels des sources A.
+ Les vecteurs issus de E_N engendrent un sous-espace bruit orthogonal aux vecteurs directionnels des sources A.

Pour la détermination des différentes directions d'arrivée, il faut diagonaliser la matrice de covariance des données, identifier l'espace signal et l'espace bruit, et trouver un projecteur sur l'espace bruit. Le principe est d'appliquer ce projecteur sur les vecteurs directionnels des sources, ce qui donne une fonction discriminatrice $F_D(\lambda,\theta)$ dont les zéros représentent les directions d'arrivée.

L'algorithme MUSIC prend $E_N.E_N^H$ comme matrice de projection et $F_D(\lambda,\theta)$ devient:

$$F_D(\lambda,\theta) = a^H(\phi)E_N.E_N^H.a(\phi) \quad (A3.7)$$

L'estimation des directions d'arrivée des sources revient à rechercher les valeurs maximales de la fonction suivante:

$$P_{MUSIC} = \frac{1}{F_D(\lambda,\theta)} = \frac{1}{a^H(\phi)E_N E_N^H a(\phi)} \quad (A3.8)$$

Annexe 5. Acquisition rapide en utilisant le *trigger* externe

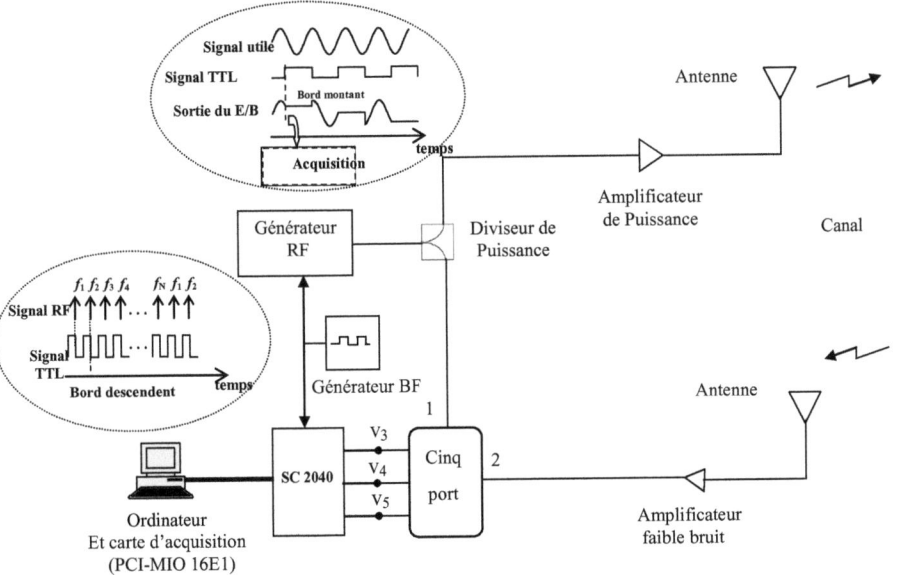

Acquisition rapide par trigger externe

Afin de pouvoir effectuer des acquisitions plus rapides, nous utilisons un *trigger* pour le déclenchement des changements de fréquence du générateur RF ainsi que des acquisitions. Le mode *trigger* externe de la carte d'acquisition et du générateur RF utilise un train d'impulsion TTL (*transistor-transistor logic* : 0V et +5 volts DC) pour contrôler l'acquisition des données de façon beaucoup plus rapide que celle contrôlée par le GPIB. Les instructions sont envoyées en même temps au générateur RF et à la carte d'acquisition. La figure ci-dessus montre le schéma bloque du système utilisé. Le générateur RF, déjà configuré au mode balayage dont la bande à balayer et le nombre de points de fréquence sont fixés à l'avance, est activé lorsqu'il reçoit le premier impulsion du générateur BF (TTL). Ce générateur BF est aussi connecté à la carte d'acquisition. Le générateur RF change la fréquence lorsque le signal BF passe de 5V à 0V. Après l'émission et réception du signal RF, la carte d'acquisition peut déclencher la première ou une nouvelle acquisition lorsque le signal BF passe de 0V à 5V. La vitesse maximale de cette opération ne dépend que des générateurs RF, BF et de la carte d'acquisition. Malgré l'utilisation d'un seul convertisseur analogique/numérique et d'un multiplexeur dans la carte d'acquisition, la simultanéité des 8 voies différentielles est assurée par des échantillonneurs/bloqueurs (SC2040). Le contrôle d'échantillonnage et de blocage est effectué par la carte elle-même à la même fréquence du générateur BF.

Le nombre maximal de voies d'acquisition pour une carte est de 8. Afin d'augmenter les voies jusqu'à 24 pour le sondeur de canal multi capteur dans le chapitre 4, deux autre cartes d'acquisition PCI-MOI-16-E1 sont ajoutées. Les 24 voies en sortie des cinq-ports sont reliées aux trois cartes d'acquisitions. Ces cartes sont commandées par un même trigger externe, qui permet une acquisition simultanée des échantillons sur 24 voies.

Oui, je veux morebooks!

I want morebooks!

Buy your books fast and straightforward online - at one of the world's fastest growing online book stores! Environmentally sound due to Print-on-Demand technologies.

Buy your books online at

www.get-morebooks.com

Achetez vos livres en ligne, vite et bien, sur l'une des librairies en ligne les plus performantes au monde!
En protégeant nos ressources et notre environnement grâce à l'impression à la demande.

La librairie en ligne pour acheter plus vite

www.morebooks.fr

OmniScriptum Marketing DEU GmbH
Heinrich-Böcking-Str. 6-8
D - 66121 Saarbrücken

Telefax: +49 681 93 81 567-9

info@omniscriptum.de
www.omniscriptum.de

Printed by Books on Demand GmbH, Norderstedt / Germany